Introducing Amazon Virtual Private Cloud Connectivity

impress
top gear

初めて作るクラウドインフラ

Amazon Web Services
ネットワーク入門

大澤 文孝 = 著

インプレス

●本書の利用について

◆本書の内容に基づく実施・運用において発生したいかなる損害も、株式会社インプレスと著者は一切の責任を負いません。

◆本書の内容は、2016 年 10 月の執筆時点のものです。本書で紹介した製品／サービスなどの名称や内容は変更される可能性があります。あらかじめご注意ください。

◆Web サイトの画面、URL などは、予告なく変更される場合があります。あらかじめご了承ください。

◆本書に掲載した操作手順は、実行するハードウェア環境や事前のセットアップ状況によって、本書に掲載したとおりにならない場合もあります。あらかじめご了承ください。

●商　標

◆Amazon Web Services、Amazon Web Services ロゴは、Amazon Web Services 社の米国および他の国における商標です。

◆その他、本書に登場する会社名、製品名、サービス名は、各社の登録商標または商標です。

◆本文中では、(R)、(C)、TM は、表記しておりません。

はじめに

　AWS のサービスが始まって早 10 年。はじめは信頼性やセキュリティが疑問視されていたクラウドも、いまではなくてはならないインフラに成長しました。

　AWS のメリットは、使いたいときにすぐにネットワークやサーバーを作ることができ、その規模や構成の変更が容易なことです。さらに、データベースシステムの Amazon RDS やストレージサービスの Amazon S3 など、管理の手間要らずの、さまざまなマネージドなサービスが提供されているのも大きなメリットです。また負荷分散や冗長性の担保、バックアップなど安全対策が考慮されている点も、見逃せません。こうしたメリットを活かし、さまざまな商用サービスが AWS 上で構築・運用されています。

　AWS が登場した当初は提供されるサービスもわずかで、ネットワーク構成も簡単でした。しかしいまでは、「たくさんのマネージドサービス」と「ネットワーク機能の高機能化」が、これから AWS を始めようとする人の出鼻をくじいてしまいます。

　このような事態を何とかしたい。そう思って書いたのが、本書です。本書では、AWS のもっとも基本的な構成となる「ネットワークとサーバー」を説明します。AWS においてネットワークは「VPC」、サーバーは「EC2 インスタンス」で構成されます。本書では、この 2 つの機能を中心に解説します。

　本書の命題は、とてもシンプル。Web サーバー 1 台とデータベースサーバー 1 台で構成されたオンプレミスのシステムを AWS で実現するには、どのように構成すればよいのかです。この命題は、とても単純ですが、AWS ならではの決まりごとや罠がたくさんあります。たとえば、「最初に利用する IP アドレスの範囲を決めて、それを分割してネットワークを構築する」「インターネットに接続する場合でも、ネットワークの設計上はプライベート IP アドレスを使う」などです。本書では、こうした AWS ならではの勘所を説明しながら、最終的に、独自ドメインで Web サーバーを運用できるようにするところまでを説明します。

　さまざまな AWS 本を読んでみたけれども、高度すぎて諦めてしまった。

　そんな人にとって本書が、これからはじめる、とっかかりの一冊になれば幸いです。

2016 年 10 月吉日

大澤文孝

●本書の表記

・注目すべき要素は、太字で表記しています。

・コマンドラインのプロンプトは、$で示されます。

・実行例に関する説明は、←のあとに付記しています。

・実行結果の出力を省略している部分は、「...」で表記します。

例：

```
$ chmod 600 ~/.ssh/mykey.pem ←パーミッションを変更する
```

●実行環境

◆サービス

・Amazon EC2

・Amazon VPC

・Amazon NAT ゲートウェイ

・Route 53

◆ソフトウェア

・OS:Amazon Linux AMI

・WordPress

・MySQL

・TeraTerm

●本書での操作上の注意

◆AWS アカウントの作成

　本書で解説する AWS の操作では、すでに AWS のアカウントは作成済みであり、AWS にログインして、マネジメントコンソールにアクセスできる状態を前提にしています。まだ AWS のアカウントを作成していない方は、以下に示す URL の掲載内容を参考にして、あらかじめ AWS アカウントを作成しておいてください。

https://aws.amazon.com/jp/register-flow/

◆セキュリティおよびコストの管理

　本書では、AWS の運用上必要となる、サービスのコスト管理、アカウントのセキュリティ管理については解説していませんが、個人アカウントのセキュリティ管理（IAM）、多要素認証（MFA）仮想デバイスの有効化などは、必要に応じて各自で設定してください。また、AWS の利用前には、意図しない課金を避けるため、無料枠のサービスの範囲（条件）、各サービスの料金体系、課金レポートおよび予算設定など、十分理解したうえで、AWS のサービスを利用してください。

　AWS が提供するユーザーガイドでは、以下の URL などが参考になります。

・Identity and Access Management ドキュメント

　　https://aws.amazon.com/jp/documentation/iam/AWS

　　－ MFA 仮想デバイスの有効化

　　http://docs.aws.amazon.com/ja_jp/IAM/latest/UserGuide/id_credentials_mfa

　　_enable_virtual.html

・無料利用枠について

　　http://aws.amazon.com/jp/free/

・AWS 請求情報とコスト管理

　　－ AWS Billing and Cost Management とは何か

　　http://docs.aws.amazon.com/ja_jp/awsaccountbilling/latest/aboutv2/

　　billing-what-is.html

　　－無料利用枠の使用

　　http://docs.aws.amazon.com/ja_jp/awsaccountbilling/latest/aboutv2/

　　billing-free-tier.html

　　－使用状況とコストのモニタリング

　　http://docs.aws.amazon.com/ja_jp/awsaccountbilling/latest/aboutv2/

　　monitoring-costs.html

目　次

はじめに ··· 3

CHAPTER 1　　AWS でのシステム構築 ·················· 9

1-1　企業 IT インフラを AWS 環境へ ······················· 10

1-2　オンプレミス環境におけるネットワーク ·················· 11

1-3　データセンターとしてみたときの AWS ··················· 15

1-4　AWS におけるシステム構成 ···························· 18

1-5　まとめ ··· 24

CHAPTER 2　　仮想ネットワークの作成 － Amazon VPC ······· 25

2-1　VPC ネットワークとは ······························· 26

2-2　CIDR 表記について ·································· 28

2-3　VPC 領域と他のネットワークとの接続 ···················· 32

2-4　デフォルトの VPC ··································· 35

2-5　VPC 領域とサブネットを作る ·························· 38

2-6　まとめ ··· 43

CHAPTER 3　　EC2 インスタンスと IP アドレス ･･･････････････ 45

3-1　　EC2 インスタンスに割り当てられる IP アドレス ･････････････ 46

3-2　　EC2 インスタンスの設置 ･････････････････････････････････ 51

3-3　　EC2 インスタンスの IP アドレスの確認 ･････････････････ 69

3-4　　ENI を確認する ･･･ 70

3-5　　まとめ ･･ 72

CHAPTER 4　　インターネットとの接続 ･････････････････････ 75

4-1　　EC2 インスタンスをインターネットに接続 ･･････････････････ 76

4-2　　パブリック IP アドレスの割り当て操作 ･････････････････････ 80

4-3　　VPC にインターネットゲートウェイを接続する ･･･････････････ 88

4-4　　ルートテーブルを構成する ･･････････････････････････････ 91

4-5　　EC2 インスタンスに SSH でログインする ･････････････････ 99

4-6　　EC2 インスタンス内で ENI の状態を確認する ･････････ 104

4-7　　パブリック IP アドレスを取得する ･･･････････････････････ 106

4-8　　まとめ ･･･ 108

CHAPTER 5　セキュリティグループとネットワーク ACL ········ 111

5-1　セキュリティグループとネットワーク ACL の違い ··············· 112

5-2　セキュリティグループ ··················· 114

5-3　ネットワーク ACL ························ 123

5-4　HTTP ／ HTTPS 通信可能なセキュリティグループの設定 ······· 128

5-5　まとめ ·························· 134

CHAPTER 6　プライベートなネットワークの運用 ·············· 137

6-1　プライベート IP で EC2 インスタンスを運用する ················ 138

6-2　NAT ゲートウェイ ···················· 141

6-3　プライベート IP で運用するサーバーを構築する ··············· 142

6-4　まとめ ·························· 178

CHAPTER 7　独自ドメインの運用 ····················· 179

7-1　Elastic IP ························ 180

7-2　Route 53 ························· 188

7-3　まとめ ·························· 202

索引 ································ 204

CHAPTER 1
AWS でのシステム構築

Amazon Web Services（以下 AWS）は、クラウドで構成された仮想的なシステムです。当然のことながら、コンピュータやストレージ、ネットワークも仮想的です。契約直後の状態では、サーバーはおろかネットワーク自体もありません。ですから、システムを作るためには、まず、仮想的なネットワークを構築することから始めなければなりません。

仮想的なシステム構築は、従来の物理的なシステム構築と基本的な考え方は同じですが、異なる部分も少なくありません。そのため、AWS の仮想的なシステムやネットワークの構築には、最初にその違いを十分に理解しておく必要があります。そこでこの CHAPTER では、レガシーな物理インフラと AWS におけるデータセンター環境の違いについて、その概要を解説します。

CHAPTER 1 AWS でのシステム構築

1-1　企業 IT インフラを AWS 環境へ

　Amazon Web Services（AWS）は、2006 年からクラウドサービスの提供を始め、すでに 10 年余りを経ています。今やそのサービスは、仮想サーバー、ストレージ、ロードバランサー、といった仮想化されたサーバーやネットワークインフラ（IaaS）だけでなく、データベースサーバー、分散キュー、NoSQL、Web サーバー、といったシステム構築に不可欠なミドルウェア群、そして機械学習、ビッグデータ処理、サーバーレスといった最新のテクノロジーに至るまで、最先端の IT インフラ構築に必要なサービスを提供しています。

　こうした AWS の進化とともに、企業におけるクラウドサービスへの適用領域は拡大してきました。初期には開発環境や Web サイトの利用が主な用途であったのが、しだいに基幹系や業務システムへも利用され、さらにクラウドネイティブなシステムへと広がりを見せるようになっています。すでにクラウドサービスは、単なる IT インフラのコストダウンの手段ではなく、スケーラブル、オンデマンド、マネージド、といったメリットを活かし、ビジネスにおける環境変化への迅速な対応や企業の変革（イノベーション）に貢献できる、新たな IT インフラの選択肢として捉えられるようになっています。

　クラウドサービスの用途の拡大とともに、すでにクラウドインフラにおけるさまざまなソリューションが登場しています。AWS が公開する開発事例を見ると、斬新なサービスを利用し、既成の概念を覆すようなシステムが目を惹きます。また、かつて非常に高額で大規模なシステムを必要とした DWH が、AWS で安価に実現されていることに驚かされます。はじめてこうした事例に出会ったときは、まるで別次元のことのように思えるほどです。しかし、いずれの企業も最初からクラウドネイティブなシステムを構築できたわけではありません。AWS に取り組んできたほとんどの企業は、当初は既存のオンプレミスのシステムアーキテクチャをそのまま AWS に移行するところから始め、徐々にマネージドなサービスを取り込み、パブリッククラウド環境への最適化を図ってきました。こうした手法を採ることで、クラウドへの移行リスクを引き下げ、確実にクラウド化のメリットを享受できるのです。

　本書でも、次節から取り上げる事例は、こうした過去の例に倣い、シンプルなオンプレミスのシステムを AWS 上のシステム構成図と対比しながら、AWS のコンポーネントに置き換えていき、徐々に複雑なシステムに発展させていきます。

10

1-2　オンプレミス環境におけるネットワーク

　オンプレミス環境と AWS 環境とで何が違うのかを対比するため、まずは、オンプレミス環境におけるネットワーク構成を例示し、どのような要素で成り立っているのかを整理します。

　オンプレミス環境のネットワークは、言うまでもなく、ルーターやスイッチングハブなどのネットワーク機器で構成されます。インターネットに接続するのであれば、インターネットからの引込線も必要です。本節では例として、データベースを用いた Web サーバーをオンプレミス環境で構築する場合を考えます。

1-2-1　Web サーバーをオンプレミス環境で構成する場合

　Web サイトを構築するうえで、Web サーバーとデータベースサーバーの構成には、障害対応のための冗長構成やアクセスの負荷分散など、考慮すべき点がいくつかありますが、ここではシステム構築を簡単化するため、データベースサーバーと Web サーバーを、それぞれを 1 つのサーバーとする、図 1-1 に示す構成を例として取り上げます。

1-2-2　パブリックネットワークとプライベートネットワーク

　図 1-1 の構成は、「インターネットから直接アクセス可能な領域」と「インターネットから直接アクセス不可能な領域」の 2 つのネットワークで構成し、互いの領域（セグメント）をルーターで接続しています。

　本書では、便宜的に、前者を「パブリックネットワーク」、後者を「プライベートネットワーク」と呼びます。

　このように 2 つに分けた理由は、データベースサーバーをインターネットからのさまざまな攻撃から守るためです。データベースサーバーは、Web サーバーからアクセスされるだけなので、インターネットから接続される必要がありません。ですから、データベースサーバーをプライベートネットワークに配置することで、インターネットを経由した外部からの攻撃を避けられます。

CHAPTER 1 AWSでのシステム構築

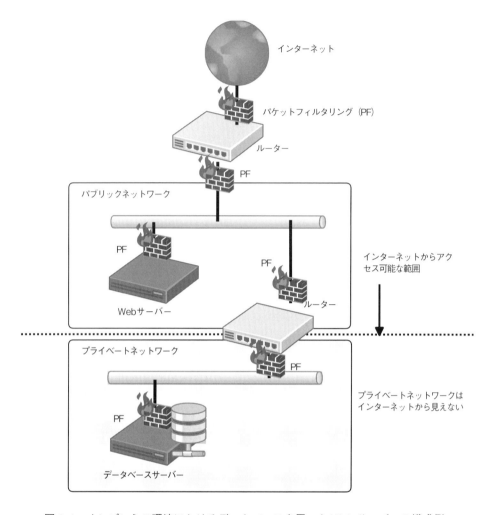

図1-1　オンプレミス環境におけるデータベースを用いたWebサーバーの構成例

1-2-3　パブリックIPアドレスとプライベートIPアドレス

　インターネットからWebサーバーにアクセスするには、パブリックIPアドレス（グローバルIPアドレス）を用います。図1-1の例であれば、パブリックネットワークに配置されたWebサーバーやルーターにはパブリックIPアドレスを割り当てます。

(1) パブリックIPアドレス

　パブリックIPアドレスは、インターネット上で唯一無二となるIPアドレスです。イ

● 1-2 オンプレミス環境におけるネットワーク

ンターネット引込線を契約したプロバイダやデータセンターなどから指定されたものを
用います。

> **Memo　パブリックIPアドレスとグローバルIPアドレス**
>
> 　パブリックIPアドレスとグローバルIPアドレスという用語は、同じ意味です。
> AWSにおいては、通常パブリックIPアドレスという用語が使われるため、本書でも
> パブリックIPアドレスで統一します。

(2)　プライベートIPアドレス

　一方、プライベートネットワークに配置されたデータベースサーバーは、インターネッ
トからアクセスする必要がないので、プライベートIPアドレスを設定します。

　プライベートIPアドレスは、インターネットで利用されることがないIPアドレスで、
組織内のネットワークで誰もが自由に使用できます。使用可能なIPアドレスの範囲は、
表1-1に示すとおりです。

クラス	使用可能なIPアドレスの範囲
クラスA	10.0.0.0～10.255.255.255
クラスB	172.16.0.0～172.31.255.255
クラスC	192.168.0.0～192.168.255.255

表1-1　プライベートIPアドレスの範囲

1-2-4　ファイアウォールを構成する

　コンピュータネットワークの運用において、外部からの攻撃への対応は避けて通れま
せん。そのため、ネットワークの接続点にはファイアウォールを設けるのが一般的です。

　ファイアウォールには、いくつかの種類がありますが、よく使われる基本的なものが、
TCP/IPのパケットを見て、送信元や宛先のIPアドレス、プロトコル、TCPやUDPのポー
ト番号によって、通過の可否を決めるパケットフィルタリングです。

　WebサーバーとデータベースサーバーにはIPは、たとえば、次のように設定します。

CHAPTER 1 AWS でのシステム構築

（1）Web サーバーへの設定

●Web サービスを提供するため、「ポート 80 番（http://）」と「ポート 443 番（https://）」のみを許す。
●社内などから管理・設定するため、社内の IP アドレスに限って、「ポート 22 番（SSH）」を許可する。
●上記以外は、すべて許さない。

（2）データベースへの設定

●Web サーバーとの通信のみを許す。
●上記以外は、すべて許さない。

1-2-5　AWS に置き換えるときに考慮すべきポイント

オンプレミスから AWS に移行するとき、これまでに説明したさまざまな物理的な要素を、どのようにして、AWS で提供される仮想的な要素に置き換えるかを検討しなければなりません。その際、ポイントになるのは、次の 3 つの要素です。

（1）ネットワーク全体
AWS においてネットワークをどのように構成するのか。具体的に言えば、サブネットの作成、IP アドレスの割り当てやインターネットへの接続、ルーティングなどの設定です。

（2）サーバー
AWS においてサーバーをどのように構成し、どうやって管理するのか。具体的には、サーバーの CPU 数、メモリ容量、ストレージの種類と容量、サーバー OS、などに何を選択し、リモートからどのように操作するかなどです。

（3）ファイアウォールとセキュリティ
システムを安全に運用するには、ファイアウォールとセキュリティを、どのように構成するのか。これは、サーバー個別に設定するファイアウォールとネットワーク全体のファイアウォール設定の組み合わせ方です。

1-3　データセンターとしてみたときのAWS

　AWSは、アマゾンデータサービス社が提供するデータセンターで運営されています。まずは、このデータセンターが、どのような構成になっているのかを見ていきましょう。

1-3-1　リージョンとアベイラビリティゾーン

　AWSは、全世界にまたがる拠点で運営されています。それぞれの拠点のことをリージョン（region）と言います。リージョンは都市名で示されていますが、代表都市名が示されているにすぎません。たとえば「東京リージョン」は、東京都にあるという意味ではなく、「日本にある」という意味です。また、リージョンによって、提供されているサービスの種類や価格は、若干異なります。新しいサービスが一部のリージョンで先行して提供される場合もあります。本書の執筆時点（2016年9月）で提供されているリージョンは13箇所で、2017年中にさらに4つのリージョンが追加される予定になっており、今後も漸次増加すると予想されます（図1-2、表1-2）。

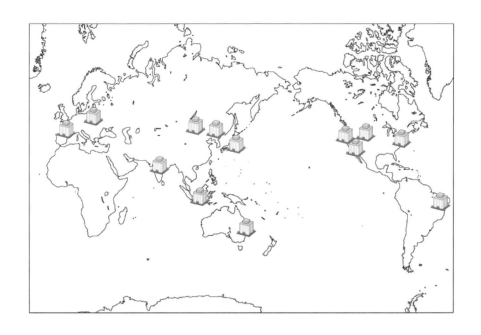

図1-2　AWSはリージョン単位でサービスが提供される

CHAPTER 1 AWS でのシステム構築

名称	英語表記	略称	補足
北バージニア	US East (N. Virginia)	us-east-1	最新のサービスは、このリージョンから始まることが多く、すべての AWS サービスが使える
オレゴン	US West (Oregon)	us-west-2	
北カリフォルニア	US West (N. California)	us-west-1	
サンパウロ	South America (Sao Paulo)	sa-east-1	
アイルランド	EU (Ireland)	eu-west-1	
フランクフルト	EU (Frankfurt)	eu-central-1	
シンガポール	Asia Pacific (Singapore)	ap-southeast-1	
東京	Asia Pacific (Tokyo)	ap-northeast-1	日本国内のリージョン
シドニー	Asia Pacific (Sydney)	ap-southeast-2	
ソウル	Asia Pacific (Seoul)	ap-northeast-2	
ムンバイ	Asia Pacific (Mumbai)	ap-south-1	
北京	-	-	中国を拠点とする企業と多国籍企業の中から選ばれたグループのみ利用可能
GovCloud	AWS GovCloud (US)Region	us-gov-west-1	米国政府向け。それ以外のユーザーは利用できない

表 1-2　AWS のリージョン

　AWS にアクセスしている地域から遠隔にあるリージョンは、レイテンシ（遅延時間）が大きくなり、パフォーマンスがよくありません。そのため、日本国内で AWS のサービスを使う場合は、通常は「東京リージョン（Asia Pacific (Tokyo)）」を選びます。リージョンは、完全に独立しており、互いに接続されていません。もし、リージョン同士で通信したいときは、インターネットを経由します。

■データセンターに相当するアベイラビリティゾーン

　それぞれのリージョンにおいて、実際にサービスを提供する拠点となるのがアベイラビリティゾーン（Availability Zone。略して「AZ」と表記される）です。アベイラビリティゾーンは、いわゆるデータセンターのことで、電気的、物理的、ネットワーク的に隔離された施設です。たとえば東京リージョンは、「A 地域のデータセンターと C 地域のデータセンター」で運営されます（B 地域がないのは歴史的な理由です。昔は B 地域があり

16

● 1-3 データセンターとしてみたときのAWS

ました）。1つのリージョンが、いくつのアベイラビリティゾーンで構成されるのかは、リージョンごとに異なります。また、実際の場所は非公開です（図1-3）。

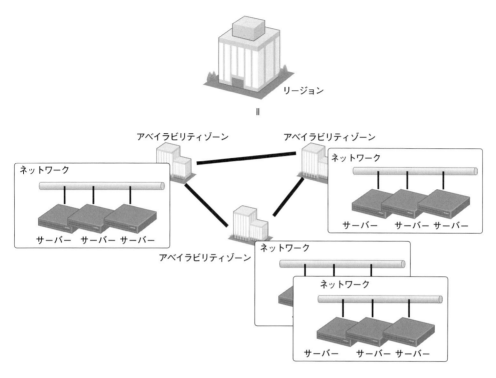

図1-3 リージョンは、複数のアベイラビリティゾーンで構成され、それぞれでネットワークやサーバーを運用する

　リージョンが複数のアベイラビリティゾーンで構成されているのは、障害対策のためです。たとえば、万一、Aというアベイラビリティゾーンで障害が発生しても、Cというアベイラビリティゾーンには波及しません。ですから、もし、サーバーを冗長構成したいときには、それぞれのサーバーを異なるアベイラビリティゾーンに設置するように構成します。

　AWSのネットワークは、このアベイラビリティゾーン単位で分割されており、互いにAWSの高速な通信線で接続されています。同一アベイラビリティゾーン内の通信が、最も高速です。アベイラビリティゾーンをまたぐ通信は、同一アベイラビリティゾーンよりわずかに劣り、若干の通信費用がかかりますが、1TBでもわずか10円足らずなので、通常は気になりません。

　日本全体が災害を受けた場合には、東京リージョンのすべてのアベイラビリティゾー

CHAPTER 1 AWS でのシステム構築

ンが利用不可能になることもありえます。従来のサービスでは、そうした大災害に備えることは難しかったのですが、AWS なら、他の国のリージョンと組み合わせて冗長構成を採ることで、地球規模の可用性を実現できます。

1-3-2 仮想的なモノの実体は、どこかのアベイラビリティゾーンにある

AWS はクラウドサービスなので、構築する仮想ネットワークや仮想サーバーが、どこにあるのかが目に見えるわけではありません。しかしこれらのサービスを提供するのは、アベイラビリティゾーンなので、必ずどこかのアベイラビリティゾーンに存在することに間違いありません。

次の CHAPTER 2 で操作手順について具体的に説明しますが、仮想的なネットワークを構築したり、仮想サーバーを設置したりする場面では、どのリージョンの、どのアベイラビリティゾーンに対して操作するかを最初に指定します。

一度設置したら、それがほかのリージョンやアベイラビリティゾーンに動くことは、ありません。AWS における作業の最小単位は、アベイラビリティゾーンです。

1-4 AWS におけるシステム構成

AWS では、サーバーやサブネット、ルーター、ネットワークのインフラは、どのように構成されているのでしょうか？ オンプレミスにおける何が、AWS の何と対応するのかを対比しながら、代表的な機能を見ていきましょう。

1-4-1 AWS におけるネットワーク構成図

オンプレミスから AWS に移行するには、サーバーやネットワークなどを AWS で提供されている各種サービスに置き換えます。その際、AWS におけるネットワークの構成図を図示するときは、アマゾンデータサービス社が提供する公式の **AWS シンプルアイコン**というアイコンセットを使うのが慣例です[1]。ここでは、オンプレミスのサーバーやネットワークなどが、AWS のどのサービスに対応し、それがどのように図示されるのかを見ていきます。

＊1 https://aws.amazon.com/jp/architecture/icons/

18

1-4-2　リージョンとアベイラビリティゾーンの図示

リージョンやアベイラビリティゾーンは、点線で示されます。外側の太い点線がリージョン、内側の細い点線（カラーの場合はオレンジ色の点線）がアベイラビリティゾーンです（図1-4）。図示するときは、アベイラビリティゾーン間は、線で結びませんが、暗黙的に接続されているとみなします。

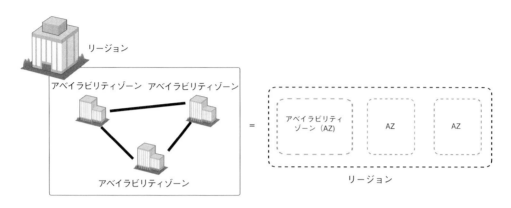

図1-4　リージョンとアベイラビリティゾーンの図示

1-4-3　仮想サーバーを構成するAmazon EC2

AWSにおける仮想サーバーを構築・運用するサービスが、Amazon Elastic Compute Cloud（以下、Amazon EC2）です。仮想サーバーでは、LinuxやWindowsなど、さまざまなOSを動かすことができます。

EC2で起動された仮想サーバーをインスタンスと呼びます。EC2のインスタンスは、角丸四角形のアイコン（カラーの場合はオレンジ色）で示されます（図1-5）。

図1-5　EC2インスタンス

CHAPTER 1 AWSでのシステム構築

■パケットフィルタ型ファイアウォールを提供するセキュリティグループ

　EC2インスタンスとネットワークの間には、パケットフィルタリング型のファイアウォールが付けられていて、不要なパケットを除去する機能があります。これを**セキュリティグループ**と言います。

　セキュリティグループは、あえて図示すると、図1-6の動きとなりますが、ネットワーク構成図を描くときには、ほとんどの場合省略されます。

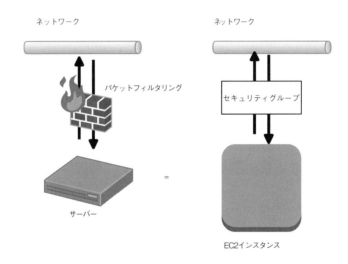

図1-6　セキュリティグループ

　なお、詳しくはCHAPTER 5で説明しますが、デフォルトのセキュリティグループの設定は、「インバウンド方向は、すべて拒否」に設定されています。そのため、明示的にセキュリティグループの設定を変更しない限り、このEC2インスタンスにはどこからも接続できません。

> **Memo　インバウンドとアウトバウンドの通信**
>
> 　インバウンドとは、「外側からサーバー側」に向けた通信です。その逆の「サーバー側から外側」の通信はアウトバウンドと呼ばれます。デフォルトのセキュリティグループの設定では、アウトバウンドに対する制限は課せられておらず、すべての通信が許可されています。

1-4-4　仮想ネットワークを構成するVPC

　AWSにおいてネットワークを構成するサービスが、Amazon Virtual Private Cloud（以下、Amazon VPC）です。Amazon VPCは、契約者ごとに「ネットワークを構成する場所」を提供します。

　契約者は、Amazon VPCのサービスを操作して、最初に、**VPC領域**を作ります[*2]。そのなかに、さらに細分化した**サブネット**を作ります。これが仮想的なネットワークとなります（図1-7）。

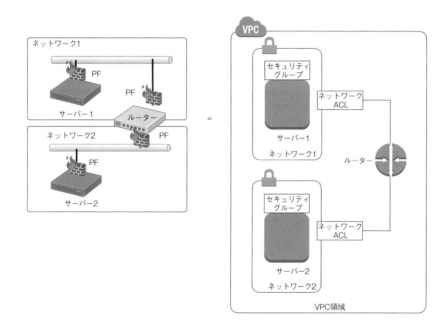

図1-7　VPC領域とサブネット

　サブネットに対しては、トラフィックの出入りを制御する**ネットワークACL**（Access Control List）と呼ばれる設定があり、パケットフィルタリングを構成できます。先ほど説明したセキュリティグループは、インスタンスを対象としていますが、ネットワークACLはサブネットを対象としており、セキュリティを制御するレベルが異なります。

　図1-7に示したように、VPC領域の内部にはルーターがあり、サブネットが互いに接続されています。ルーターを設置する操作をしなくても、VPC領域には、必ず1つの

＊2　VPC領域とは、契約者ごとに用意される仮想的なネットワーク空間です。詳細は、CHAPTER 2参照。

ルーターが暗黙に置かれます。

図1-7では2つのネットワークしかありませんが、3つ、4つとネットワークが増えたときも同じです。暗黙的な1つのルーターを経由して、それらはデフォルトで互いにつながります。

VPC領域には、ルーターが存在するのが前提なので、図示するときには図1-8右側の図のように、ルーター、そしてネットワークACL、セキュリティグループが省略されることがほとんどです。図1-8ではネットワーク1とネットワーク2とは互いに接続されていないように見えますが、AWSでは、同じVPC領域に属するネットワーク同士は、VPC領域に内蔵されているルーターによって暗黙的につながるので注意してください。

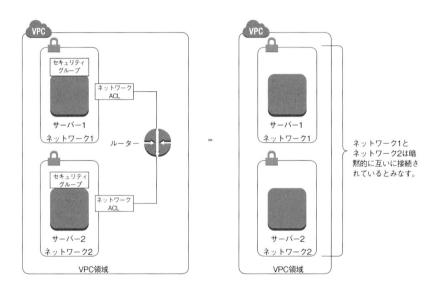

図1-8 ルーターやセキュリティグループ、ネットワークACLを省略表記した例

● Memo　ルーティングの設定変更

ネットワーク1とネットワーク2が互いに接続されているのは、あくまでもデフォルトの構成であるときに限ります。ルーティングの設定を変更すれば、ネットワーク1とネットワーク2とを接続しないようにもできます。

1-4-5 インターネットに接続するための「インターネットゲートウェイ」

　VPCをインターネットに接続するには、VPCに対して、インターネットゲートウェイ（Internet Gateway。IGWと略される）を接続します。
　このCHAPTERの冒頭で紹介した「オンプレミスのデータベースサーバーとWebサーバーを運用する」という環境を、インターネットゲートウェイを使ってAWS上に構築すると、図1-9のようになります。

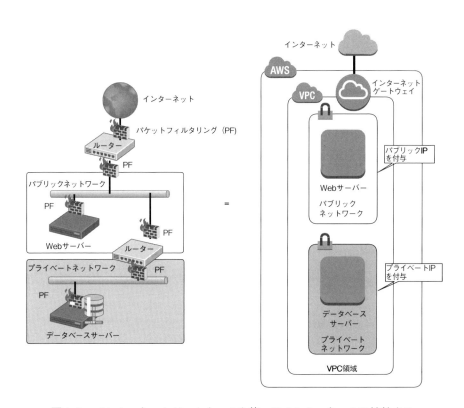

図1-9　インターネットゲートウェイを使ってインターネットに接続する

　インターネットゲートウェイを構成したあと、サブネットやサーバーに対してパブリックIPアドレスを割り当て、適切にルーティングを設定することで、インターネットに接続できるようになります。

CHAPTER 1 AWS でのシステム構築

1-5 まとめ

オンプレミスのネットワーク構成を AWS に置き換えるには、おおむね、図 1-9 のように構成すればよいということがおわかりいただけたと思います。

しかし図 1-9 は、概要にすぎません。この構成を実現するには、以下のような点について理解する必要があります。本書の以降の CHAPTER では、これらを順に説明していきます。

- ●VPC 領域やサブネットの作成
- ●EC2 インスタンスの作成
- ●IP アドレスの割り当て
- ●セキュリティグループやネットワーク ACL の設定
- ●インターネットとのルーティング構成
- ●パブリック IP アドレスや固定 IP アドレスの割り当て、ドメイン名の設定

次の CHAPTER では、まず、AWS でネットワークサービスを提供する VPC（Virtual Private Cloud）の基本的な機能について、具体的に説明します。

CHAPTER 2
仮想ネットワークの作成 ー Amazon VPC

　Amazon VPC（Virtual Private Cloud）は、クラウド上に仮想的なネットワークを構成するサービスです。サーバーなどのリソースを配置するときは、まず、VPC 領域の作成が必要です。さらに仮想マシンを VPC 領域内で稼働させるには、VPC 領域にサブネットを作成し、いくつかのネットワークの設定を行う必要があります。ユーザーにとっては、最も基本的な AWS のサービスの一つです。

　VPC は仮想的なネットワーク環境なので、ハードウェアに一切触れることなく、遠隔地からでも Web ブラウザを利用したユーザーインターフェイスを利用して自由に設定できます。AWS クラウド内であれば、たとえ大規模なネットワークであっても、膨大なリソースの管理を少人数で対応可能です。ただし、AWS の仮想ネットワークの構築には、独自の設定内容も少なくないため、ここではそうした点に注意しながら、実際に VPC 領域を作成し、そのなかにサブネットを作成していきます。

CHAPTER 2 仮想ネットワークの作成 ― Amazon VPC

2-1　VPC ネットワークとは

　AWS のクラウド環境では、契約者ごとに独立した「ネットワークを構築できる場所」が与えられます。Amazon VPC は、その場所に仮想的なネットワークを構築する機能です。AWS のドキュメントでは、「AWS クラウドの論理的に分離したセクションがプロビジョニングされる」と表現されます。

2-1-1　VPC 領域とサブネット

　AWS では、リージョンごとに最大 5 つの「ネットワークを構築できる場所」を作れます。この場所のことを「VPC 領域」と言います。

　VPC 領域同士は、完全に独立しており、異なる VPC 領域間で、直接通信することはできません。異なる VPC 領域間で通信したいときは VPC ピア接続を構成するか、VPC 領域間で VPN を構成します（p.34「2-3 節の Column「EC2 インスタンス間の VPN 接続」を参照）。

　　　Memo　VPC と VPC 領域

　　VPC という用語は、「Amazon VPC の機能」「Amazon VPC の機能で作る個々のネットワーク領域」、さらには、「AWS とは関係ない汎用的な仮想プライベートネットワーク環境のこと」など、幅広いものまで指すことがあります。これだとわかりにくいので、本書では、「Amazon VPC の機能で作る個々のネットワーク領域」のことを、とくに「VPC 領域」と呼んで区別します。

■ VPC 領域を切り分けて作るサブネット

　VPC 領域を作成するときには、利用する IP アドレスの範囲を指定します。VPC 領域を作るという操作は、「利用する IP アドレス範囲の枠組みを決める」ということだけで、まだ、実体がありません。言い換えると、VPC 領域を作っただけでは、そこに EC2 インスタンス（仮想サーバー）を設置することはできません。

　VPC 領域を実際に使えるようにするには、VPC 領域のなかから IP アドレスを切り分けて「サブネット」を作り、いずれかのアベイラビリティゾーンに配置します。そうする

● 2-1 VPCネットワークとは

ことで、サブネット上にEC2インスタンスなどを配置できるようになります（図2-1）。

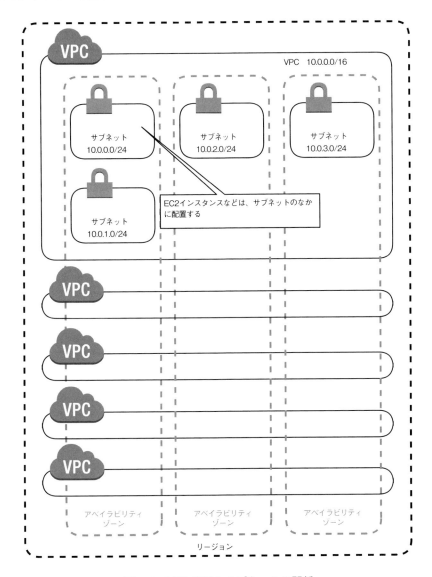

図2-1　VPC領域とサブネットの関係

サブネットは、いずれかのアベイラビリティゾーンに属します。1つのサブネットがアベイラビリティゾーンをまたぐことはありません。

27

CHAPTER 2 仮想ネットワークの作成 — Amazon VPC

2-1-2　VPC 領域に割り当てる IP アドレス範囲

　AWS でネットワークを構築するときは、VPC 領域に対して、どのような IP アドレス範囲を割り当てるかを、事前に検討しておく必要があります。IP アドレスの割り当て方しだいで、将来のネットワークの拡張性が違ってきます。

■ VPC 領域にはプライベート IP アドレスを割り当てる

　VPC 領域に割り当てる IP アドレス範囲は、プライベート IP アドレスのネットワーク範囲（CHAPTER 1 の表 1-1 を参照）のなかから、任意のものを指定します。意外に思われるかもしれませんが、たとえインターネットにつなぐときでも、プライベート IP アドレスを使います。VPC 領域に対して、直接、パブリック IP アドレスを使うことはありません。たとえパブリック IP アドレスを VPC 領域に指定したとしても、ルーティングされないので無意味です。

　VPC をインターネットに接続するときは、インターネットゲートウェイという、一種の NAT を構成することで、「プライベート IP アドレスに加えて、パブリック IP アドレスを追加で割り当てる」という構成にします。詳細は、CHAPTER 4 で説明します。

　なお、VPC 領域は VPN 接続や専用線を使って、オフィスなどの物理的なネットワークと相互に接続することもできます（「2-3　VPC 領域と他のネットワークとの接続」を参照）。そのため、将来的にオンプレミスとの相互接続を考慮するなら、「オフィスやデータセンターなどで利用していない IP アドレス範囲」を使うことを推奨します。

■ VPC 領域の IP アドレス範囲は大きめにとる

　VPC 領域を作るときに決めた IP アドレス範囲は、あとから変更できません。ですから、必要十分なサブネットをとれるだけの IP アドレス範囲を指定しておくようにします。

　VPC 領域は、最大で 65536 個のネットワークアドレス（後述の「/16」に相当）を割り当てることができるため、通常は最大数を指定します。

2-2　CIDR 表記について

　AWS 内での IP アドレスの分割方法には、主に CIDR（Classless Inter-Domain Routing）というクラスレスアドレス表記を使用します。CIDR は、「サイダー」と読みます。ネッ

トワークの規模や管理対象を指定するうえで重要なので、CIDR 表記について、ここで少々ページを割いて説明します。CIDR についてすでにご存じの方は、本節を読み飛ばし、p.32へ進んでください。

2-2-1 ネットワーク部とホスト部

　IP（internet protocol）は、複数のネットワークが接続された環境で通信を行うためのプロトコルであり、宛先、送信元のホストを特定するために、32 ビットの IP アドレス（IPv4 アドレス）が使われます。これは、「0〜255」までの4つの数字をピリオドで区切った形式で表されます。1つのパートが8ビットに対応し、全体で 32 ビットの数値として構成されています。32 ビットのうち一部の上位ビットは、ネットワークを識別する部分（ネットワーク部）で、残りの下位ビットがホストを識別する部分（ホスト部）となります。

　CIDR 表記は、IP アドレスに続けてスラッシュ（「/」）で区切り、そのあとにネットワーク部のビット数を示す表記です。たとえば、「10.0.0.0/16」の「/16」は、「先頭から何ビットがネットワーク部なのか」を示す指定です。

　「10.0.0.0/16」は、「左から 16 ビット分がネットワーク部」という意味です。図 2-2 に示すように、ちょうど半々で「ネットワーク部」と「ホスト部」が分かれます。

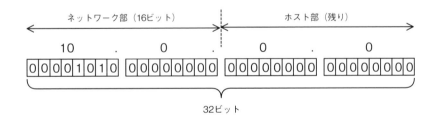

図 2-2　ネットワーク部とホスト部

　ネットワーク部は、IP アドレスをグループ化する値で、「この値が同じもの同士が、互いに直接通信できる」ことを示します。そしてホスト部は、実際にコンピュータなどの端末（ホスト）に割り当てる、重複しない値の範囲を示します。

　「10.0.0.0/16」では、先頭から 16 ビット分の「10.0」がネットワーク部で固定となるので、残る下2つが「0.0」〜「255.255」までホスト部として割り当てるものとなり、「10.0.0.0」〜「10.0.255.255」の IP アドレス範囲を利用するという意味になります。

ただし、IP アドレスのうち、以下のように使う決まりがあるため、実際に利用できるのは、図 2-3 に示す 65534 個です。

- 先頭は、ネットワークアドレス（この例の場合「10.0.0.0」）
- 末尾は、同報送信の際の宛先として使われるブロードキャストアドレス（この例の場合「10.0.255.255」

なお、AWS の VPC の場合には、上記以外に、サブネットのルーターの IP アドレスや DHCP サーバーの IP アドレスなど、さらにいくつかの予約された IP アドレスがあります（CHAPTER 3 の表 3-1 を参照）。

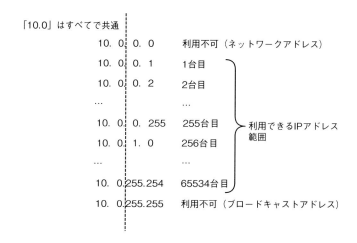

図 2-3　10.0.0.0/16 で使う場合の IP アドレス範囲

2-2-2　ネットワークを分割する

「10.0.0.0/16」で運用する場合は、最大 65534 台の端末を、1 つのネットワークに接続して運用することになります。

しかし、このように数万台もの端末を 1 つのネットワークに接続した運用は、パフォーマンス的にもメンテナンス的にも望ましくないので、普通はもう少し小さい単位に分割します。

たとえば、「10.0.0.0/24」で運用すると、ネットワーク部とホスト部の関係は、図 2-4 のようになります。この結果、図 2-5 に示すように 256 個のネットワークに分割して利

用できます。

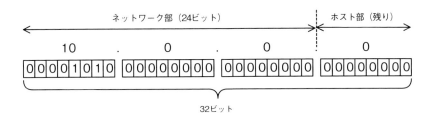

図2-4 「10.0.0.0/24」の場合のネットワーク部とホスト部の関係

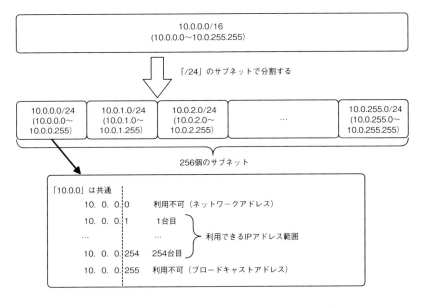

図2-5 「/24」を指定すると256個のサブネットに分割できる

2-2-3　CIDRはネットワークの大きさを決める

　CIDRは、ネットワーク部とホスト部の区切りの部分を決めるものですが、見方を変えると、ネットワークの大きさを変えるものであるとも言えます。

　CIDRを左に寄せるほどネットワークは大きくなり、よりたくさんの端末を接続できるようになります。対して右に寄せるほどネットワークは小さくなり、少ない端末しか接続できなくなる一方で、利用できるネットワークの総数は増えます（図2-6）。

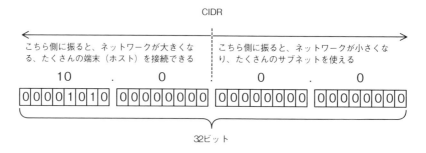

図 2-6　CIDR はネットワークの規模を決める

　AWSにおいて、ほとんどの場合、VPC領域は仕様上の最大となる「/16」でよいはずです。サブネットについては、端末（ホスト、EC2インスタンス）を何台接続するのか、いくつのサブネットに分けるのかによって、設定値を適宜調整してください。

2-3　VPC領域と他のネットワークとの接続

　VPC領域やサブネットは、プライベートIPアドレスを割り当てることからもわかるように、「閉じたネットワーク」です。そのため、インターネットをはじめとするほかのネットワークに接続するには、いくつかのゲートウェイやルーティングを構成する必要があります。

2-3-1　さまざまな接続ポイント

　VPC領域やサブネットを、他のネットワークと互いに接続するための接続ポイントは、5箇所あります（図2-7）

①インターネットとの接続
　インターネットに接続するには、インターネットゲートウェイを用います。この方法は、CHAPTER 4で説明します。

②オフィスなどの拠点と専用線で接続
　AWS Direct Connectというサービスを使うと、オフィスなどの拠点と専用線で接続できます。

③オフィスなどの拠点とVPNで接続

VPN Gatewayを構成すると、オフィスなどの拠点とVPNルーターを使って接続できます。

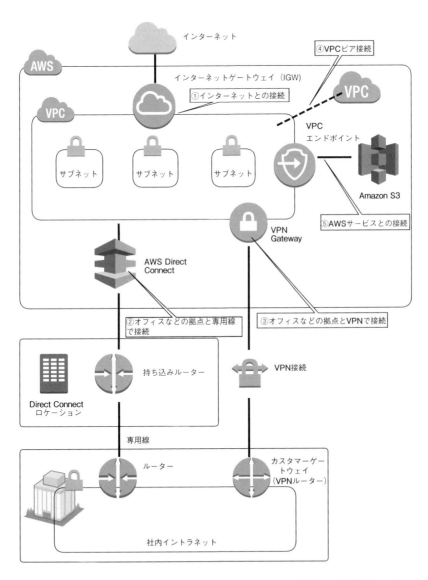

図2-7　VPC領域やサブネットを他のネットワークと接続する接続ポイント

CHAPTER 2 仮想ネットワークの作成 — Amazon VPC

 Column　EC2 インスタンス間の VPN 接続

　VPC 領域と他のネットワークを接続する方法のうち、機能としてサポートされているのは、図 2-7 に示した 5 つの接続ポイントです。
　しかしそれ以外の方法として、EC2 インスタンスに VPN ソフトウェアをインストールして、そのソフトの機能を使って VPN を構築する手法も採れます。たとえば、リージョンが異なる VPC 同士を接続したいときには、この方法を採ります（図 2-8）。VPN ソフトウェアとしては、「OpenVPN」や「VyOS」がよく使われます。

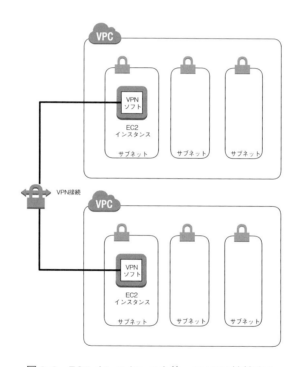

図 2-8　EC2 インスタンスを使って VPN 接続する

④VPC ピア接続

　同一のリージョンにおける別の VPC と接続する機能です。自分のほかの VPC と接続するほか、異なる AWS ユーザーの VPC とも接続できるため、自社の関連会社や協力会社のネットワークとつなげることもできます。

⑤AWS サービスとの接続

VPC と AWS のほかのマネージドサービスとの接続点です。「VPC エンドポイント」と言います。VPC エンドポイントを使わない場合、VPC から AWS が提供するマネージドのファイルサーバー、データベースサーバー、分散キュー、NoSQL などに接続するときは、一度インターネットを出て、AWS サービスに接続します。

しかし、VPC エンドポイントを構成すると、インターネットに出ることなく、そうしたマネージドサービスを利用できます。本書の執筆時点では、ファイルサーバー（より正確にはオブジェクト型のストレージサービス）の Amazon S3 しか対応していませんが、他のマネージドサービスも対応予定です。

2-4 デフォルトの VPC

それぞれのリージョンには、あらかじめ、契約者ごとに VPC 領域が 1 つ作られています。あらかじめ用意されている VPC 領域は、デフォルトの VPC と呼ばれており、他の VPC 領域と、少し構成が異なります。

デフォルトの VPC という用語は、「標準で用意されている VPC 領域」という意味であり、VPC 領域を作った直後のデフォルトの状態という意味ではないので注意してください。

なお、2013 年 12 月 4 日よりも前に AWS を契約したユーザーは、デフォルト VPC が用意されていないことがあります。

2-4-1 デフォルトの VPC の構成

デフォルトの VPC は、「すぐに、インターネットに接続できるようにする」ことを目的に作られた、特別な VPC 領域です（図 2-9）。EC2 インスタンスを起動するときに、サブネットが指定されていないときは、デフォルトの VPC が使われます。

デフォルトの VPC は、次のように構成されています。

①VPC 領域の IP アドレス範囲

VPC 領域の IP アドレス範囲は、「172.31.0.0/16」です。

CHAPTER 2 仮想ネットワークの作成 ― Amazon VPC

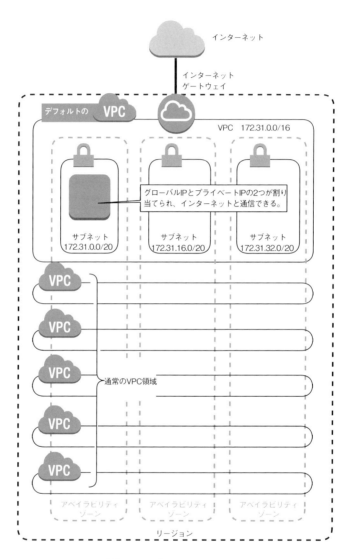

図2-9 デフォルトのVPC

②構成されるサブネット

　①のIPアドレス群のなかから「/20」のサイズでサブネットが作られ、それぞれのアベイラビリティゾーンに配置されています。

　たとえば、仮にアベイラビリティゾーンが3つあるリージョンなら、以下のように各

アベイラビリティゾーンにサブネットが作られています。

アベイラビリティゾーン A	172.31.0.0/20
アベイラビリティゾーン B	172.31.16.0/20
アベイラビリティゾーン C	172.31.32.0/20

③インターネットへの接続

インターネットゲートウェイが設定されており、インターネットに接続できます。

そして②のそれぞれのサブネットに対して、インターネットに接続できるよう、パブリック IP アドレスが割り当てられるようにしたり、ルーティングしたりするように構成されています。

詳しくは CHAPTER 4 で説明しますが、このサブネットに配置された EC2 インスタンスは、パブリック IP アドレスとプライベート IP アドレスの 2 つの IP アドレスを持ち、インターネットに接続できます。

2-4-2 公開したいインスタンスだけを置く

EC2 インスタンスを、手早くインターネットに接続したいときは、このデフォルトの VPC を使うのがよいでしょう。そうすれば、複雑な設定をすることなく、その EC2 インスタンスにはパブリック IP アドレスを割り当てることができ、インターネットと通信できるようになるからです。

逆に言うと、それ以外の場面では、デフォルトの VPC を使うべきではありません。特に、デフォルトの VPC は、インターネットに公開されることが前提の設定なので、公開したくない EC2 インスタンスを置かないように注意してください。

2-4-3 変更や削除をしないほうがよい

デフォルトの VPC は、「デフォルトで用意されている VPC 領域」というだけなので、ほかの VPC 領域と同じように、設定を変更したり、削除したりできます。しかし、デフォルトの VPC は少し特殊な VPC 領域なので、変更や削除をしないほうが無難です。

デフォルトの VPC は作り直すことができません。間違って削除したときは、AWS に依頼して、作り直してもらう必要があります。

デフォルトのVPCは、はじめてAWSを触る人が、「とりあえずインターネットに接続できるEC2インスタンスを置きたい」というときには便利ですが、設定に柔軟性がありません。そのため本書では、デフォルトのVPCは使わず、新たにVPC領域とサブネットを作成します。

2-5　VPC領域とサブネットを作る

それでは、実際にVPC領域とサブネットを作ってみましょう。以下の操作では、次の設定をしていきます。

① 東京リージョンに対して、VPC領域として「10.0.0.0/16」を作る。このVPC領域の名前は「myvpc01」とする。
② ①のなかからサブネット「10.0.0.0/24」を作る。このサブネットの名前は「mysubnet01」とし、ap_northeast_1a というアベイラビリティゾーンに置く

2-5-1　VPC領域の作成

◎ **操作手順** ◎　　VPC領域の作成

[1] VPCを選択する

● 最初にAWSマネジメントコンソールのサービス一覧からVPCを選択してVPCダッシュボードを開きます。

図2-10　サービスメニュー

● 2-5 VPC 領域とサブネットを作る

[1] リージョンを選択する

- AWS マネジメントコンソールの右上で、VPC 領域を作るリージョンを選択します。ここでは、「東京」リージョンを選択することにします（図 2-11）。

　　AWS マネジメントコンソールでは、一度リージョンを選択すると、リージョンを変更し直すまでは、ずっと、そのリージョンに対する操作となります。

図 2-11　リージョンを選択する

[2] VPC 領域を作成する

- VPC 領域を設定するため、左側から［VPC］メニューを選択します（図 2-12）。
- すると、「デフォルトの VPC」があるはずです。今回は、デフォルトの VPC とは別の VPC 領域を作りたいので、「VPC の作成」を選択してください。

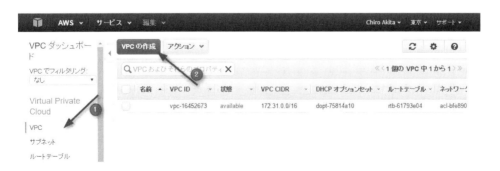

図 2-12　VPC 領域を作成する

CHAPTER 2 仮想ネットワークの作成 — Amazon VPC

[3] ネームタグ、CIDR ブロック、テナンシーを決める

●この VPC 領域に付ける名前を「ネームタグ」として設定します。どのような名前でもかまいませんが、ここでは「myvpc01」とします（図 2-13）。

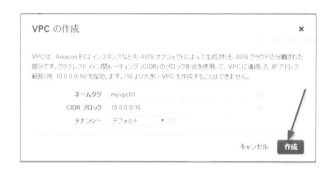

図 2-13　ネームタグ、CIDR ブロック、テナンシーを設定する

●CIDR ブロックは、割り当てるネットワークアドレスです。ここでは「10.0.0.0/16」を設定します。
●テナンシーは、この VPC 領域上にインスタンスを作るときの、デフォルトのテナント属性を設定します。

　［デフォルト］を選択した場合は、他のユーザーと共有するハードウェア上で実行されます。それに対して、［ハードウェア専有］を選択したときは、自分だけの専有ハードウェアで実行されるようになります。

　ハードウェア専有を使うと、他の AWS ユーザーの影響を受けない利点がありますが、コスト高になります。特に理由がない場合は、［デフォルト］を選択するのがよいでしょう。

●右下の［作成］ボタンをクリックすると、VPC 領域が作られます。

2-5-2　サブネットの作成

VPC 領域の作成が終わったら、同様にサブネットを作ります。

● 2-5 VPC領域とサブネットを作る

◎ 操作手順 ◎ サブネットの作成

[1] サブネットを作成する

●左メニューから［サブネット］をクリックしてください。すると、サブネット一覧が表示されます（図2-14）。

デフォルトのVPCに割り当てられているサブネットが、いくつかあるはずです。

●新たにサブネットを作成するため、［サブネットの作成］をクリックしてください。

図2-14 サブネットを作成する

[2] ネームタグ、VPC、アベイラビリティゾーン、CIDRブロックを決める

●このサブネットに付ける名前を「ネームタグ」として設定します。どのような名前でもかまいませんが、ここでは、「mysubnet01」とします（図2-15）。
●VPCは、対象とするVPC領域を選択します。ここでは、先に作成しておいた「myvpc01」を選択します。
●アベイラビリティゾーンには、配置したいアベイラビリティゾーンを指定します。

本書の執筆時点では、東京リージョンには、「ap-northeast-1a」と「ap-northeast-1c」の2つのアベイラビリティゾーンがあります。どちらを選んでもかまいませんが、ここで

41

CHAPTER 2 仮想ネットワークの作成 ― Amazon VPC

は、「ap-northeast-1a」を選択することにします。なお、[指定なし]を選択したときには、自動でどちらかがランダムに設定されます。

● CIDRブロックは、割り当てるネットワークアドレスです。指定したVPC領域の一部でなければなりません。ここでは「10.0.0.0/24」を指定します。
● 右下の[作成]ボタンをクリックすると、サブネットが作られます。

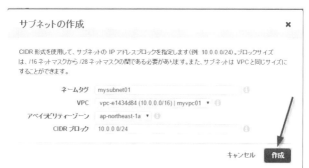

図2-15 ネームタグ、VPC、アベイラビリティゾーン、CIDRブロックを設定する

図2-16 作られたサブネット

● 2-6 まとめ

以上でサブネットの作成は完了です。図 2-16 に示すように、新しく「mysubnet01」という名前のサブネットができたことがわかります。

📝 **Memo　ネットワーク ACL の設定**

VPC 領域やサブネットを作った直後は、そのサブネットに対する「ネットワークACL（パケットフィルタリングのこと）」は、「すべて許可する構成」が自動的に設定されます。ネットワーク ACL については、CHAPTER 5 で説明します。

2-6　まとめ

この CHAPTER では、VPC 領域とサブネットの作成について説明しました。

①VPC 領域

●ネットワークを作る場所のこと。それぞれ独立しており、リージョンごとに作る。その際、利用する IP アドレス範囲をプライベート IP アドレスとして指定する。

②サブネット

●①をさらに分割して、アベイラビリティゾーンに配置したもの。デフォルトでは、サブネット同士は、互いに通信できるように構成される。

③デフォルトの VPC

●それぞれのリージョンに、最初に用意されている VPC 領域。インターネットゲートウェイが構成されており、ここに配置した EC2 インスタンスは、インターネットからアクセスできる。本書では、利用しない。

次の CHAPTER では、この CHAPTER で作成したサブネットに EC2 インスタンスを配置し、サブネットにおける IP アドレスの割り当てが、どのように設定されるのかを見ていきます。

43

CHAPTER 2 仮想ネットワークの作成 ― Amazon VPC

 Column　AWSマネジメントコンソールのUIが変わる

　AWSは日々進化しています。それに伴って、機能が追加されるのはもちろんですが、操作UIが変わることもあります。実際、2016年10月頃、AWSマネジメントコンソールのホーム画面が大きく変わりました。旧UIではホーム画面全体にサービス一覧が表示されており、そこから操作するサービスが選ぶ形式でしたが、新UIでは上部に最近利用したサービスやクイックスタートなどが並び、サービス一覧は下部に移動し名前から検索できるようにもなりました。

　なお、新UIでは［サービス］メニューをクリックするとカテゴリ分けたされたサービス一覧が表示され、旧UIと似た操作もできます。

図2-17　旧UIのホーム画面

図2-18　新UIのホーム画面

CHAPTER 3
EC2 インスタンスと
IP アドレス

　前の CHAPTER では、VPC 領域を作成し、さらにそのなかにサブネットを作成しましたが、この CHAPTER では、そのサブネットに EC2 インスタンスを配置していきます。

　サブネットに EC2 インスタンスを配置すると、サブネットで使われているプライベート IP アドレス範囲のいずれかが EC2 インスタンスに割り当てられ、その IP アドレスを使って通信可能になりますが、それがどのような仕組みで割り当てられるのかを見ていきます。

　また、EC2 インスタンスの起動方法やインスタンスタイプの選び方、利用するストレージや提供されている OS のディスクイメージについても説明します。

3-1 EC2 インスタンスに割り当てられる IP アドレス

サブネットに EC2 インスタンスを配置すると、プライベート IP アドレスが 1 つ以上、自動で割り当てられます。まずは、その割り当てルールと仕組みを説明します。

3-1-1 ネットワークインターフェイス「ENI」

物理サーバーでは、ネットワークに接続するのにネットワークインターフェイスカード（NIC：Network Interface Card）を使います。AWS において、NIC に相当するのが、「ENI（Elastic Network Interface）」です。

ENI は、仮想的なネットワークインターフェイスカードです。EC2 インスタンスを作るときには、一緒に新しい ENI が作られ、それをアタッチされるのがデフォルトの挙動です（図 3-1）。

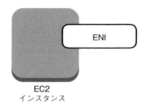

図 3-1　ENI は EC2 インスタンスのネットワークカードに相当する

3-1-2 IP アドレスを割り当てる DHCP サーバー

AWS のサブネット上では、DHCP サーバー機能が動作しています。そのため、サブネットに EC2 インスタンスを設置して起動すると、その DHCP サーバーから ENI に対して、サブネットで利用可能なプライベート IP アドレスが動的に割り当てられます（図 3-2）。なお、サブネットに設置された DHCP サーバー機能を止めることはできません。

サブネットに割り当てられた IP アドレスのうち、表 3-1 に示す IP アドレスは予約されており、利用できません。

● 3-1 EC2 インスタンスに割り当てられる IP アドレス

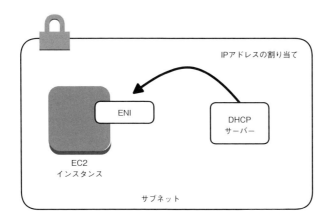

図 3-2　ENI には DHCP サーバーから IP アドレスが割り当てられる

　DHCP サーバーから割り当てられるのは、これらの予約アドレスと、次に説明する「固定 IP アドレスとして設定したアドレス」を除外した、いずれかの IP アドレスです。割り当てる IP アドレス範囲をカスタマイズして変更することはできません。

IP アドレス	用途
先頭	ネットワークアドレスとして使用
先頭+1	VPC ルーターで使用
先頭+2	Amazon が提供する DNS へのマッピング用に予約
先頭+3	将来のための予約
末尾	ブロードキャストアドレスとして予約

表 3-1　予約されている IP アドレス

3-1-3　プライマリプライベート IP アドレスとセカンダリプライベート IP アドレス

　ENI は、必ず 1 つのプライベート IP アドレスを持ちます。この IP アドレスのことをプライマリプライベート IP アドレスと言います。
　追加して、別のプライベート IP アドレスを持つこともできます。これを**セカンダリプライベート IP アドレス**と言います（明示的に指定しない限り、デフォルトでは、セカン

ダリプライベートIPアドレスは付きません)。

　プライマリプライベートIPアドレスは、ENIを作成するとき（EC2インスタンスを作成するとき）に定まり、以降、変更されることはありません。つまり、たとえばDHCPサーバーによって、一度、「10.0.0.5」というプライマリプライベートIPアドレスが割り当てられたとすると、以降は、ずっと「10.0.0.5」のままです。それに対して、セカンダリプライベートIPアドレスは、手動で設定したり変更したりできます。

3-1-4　固定IPアドレスの割り当て

　ENIには、固定IPアドレスを設定することもできます。セカンダリプライベートIPアドレスは、いつでも変更できますが、プライマリプライベートIPアドレスはENIを作成するときに決まるため、プライマリプライベートIPアドレスを固定IPアドレスにしたいのなら、「ENIを作成するとき（EC2インスタンスを作成するとき）」に、固定IPアドレスを指定しなければなりません。

　詳しくは、「3-2　EC2インスタンスの設置」にて説明しますが、EC2インスタンスを作るときの設定画面には、IPアドレスを指定する箇所があります（図3-3）。

図3-3　EC2インスタンスを起動するときに固定IPに設定する（後掲の図3-15参照）

　この設定で固定IPアドレスにすれば、そのEC2インスタンスには固定IPアドレスが割り当てられるようになります。そうでない場合は、はじめて起動したときにIPアドレスが決まり、以降、ENIに割り当てられるIPアドレスを固定IPアドレスに変更することはできません（図3-4）。

　EC2インスタンスを起動したあとに、どうしても変更したいときには、EC2インスタンスの複製を作るしか方法がありません（p.70のColumn「EC2インスタンス作成後に変更できない項目を変更する」を参照）。

● 3-1 EC2 インスタンスに割り当てられる IP アドレス

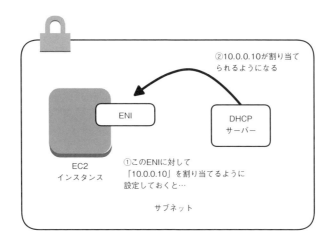

図 3-4 固定 IP アドレスを指定すると、いつでも同じ IP アドレスが割り当てられる

3-1-5 勝手な IP アドレスを利用してはいけない

　固定 IP アドレスに設定する場合の動作は、「その ENI に対して、常に同じ IP アドレスを割り当てるように DHCP サーバーの設定を変更する」という意味であり、DHCP サーバーを使用することに変わりはありません。そのため、EC2 インスタンスにインストールする OS の「IP アドレスの取得方法」に関する設定は、たとえ固定 IP アドレスを利用する場合でも、DHCP を利用するように構成します。OS 側の設定ファイルに、利用する IP アドレスを記述して、固定化してはいけません。

　AWS において、IP アドレスを割り当てるのは、常にサブネットの DHCP サーバー機能です。EC2 インスタンスが、サブネットの DHCP サーバー機能を無視して、勝手な IP アドレスを利用することは許されません。

3-1-6　DHCP サーバーのオプションは VPC 単位で指定する

　DHCP サーバーでは、DNS サーバーやデフォルトのドメイン名などを指定することもできます。そうした DHCP サーバーのオプションは、VPC 領域単位で指定します。
　AWS マネジメントコンソールで VPC 領域を確認すると、[DHCP オプションセット] という項目があるのがわかります（図 3-5）。
　VPC 領域ごとにあらかじめデフォルトの DHCP オプションセットが設定されており、

49

CHAPTER 3 EC2 インスタンスと IP アドレス

図 3-5　VPC 領域に設定されている DHCP オプションセットを確認する

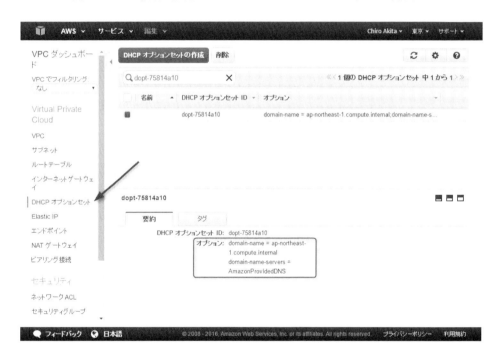

図 3-6　DHCP オプションセットを確認する

クリックすると、その内容を確認できます（図 3-6）。

図 3-6 を見るとわかるように、デフォルトの構成では、以下のオプションが指定されています（デフォルトの domain-name は、リージョンによって異なります）。

  domain-name   ap-northeast-1.compute.internal
  domain-name-servers AmazonProvidedDNS

この設定によって、EC2 インスタンスには、「XXX.ap-northeast-1.compute.internal」というドメイン名が付きます（XXX の部分は、ip-10-0-0-4 など IP アドレスを基に生成された名称になります）。もし、「XXX.local.example.co.jp」のような自社ドメインを使いたいときには、ローカルの DNS サーバーを立てて、この設定を変更するとよいでしょう。

3-2　EC2 インスタンスの設置

IP アドレスの割り当てルールを説明したところで、実際にサブネットに EC2 インスタンスを配置して、その動作を見ていきましょう。

3-2-1　サブネットに EC2 インスタンスを設置する

ここでは、CHAPTER 2 で作成した「mysubnet01」というサブネット上に、EC2 インスタンスを設置してみます。

mysubnet01 は「10.0.0.0/24」として構成しました。前掲の表 3-1 に示したように「先頭+3 まで」と「末尾」は予約されているので、このサブネットに EC2 インスタンスを配置すると、10.0.0.4〜10.0.0.254 のいずれかの IP アドレスが割り当てられるはずです（図 3-7）。

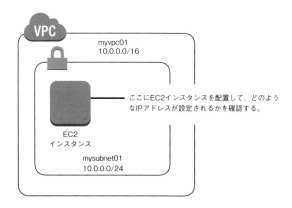

図 3-7　mysubnet01 に EC2 インスタンスを設置する

CHAPTER 3 EC2 インスタンスと IP アドレス

3-2-2　EC2 インスタンスの種類

　AWS では、性能が異なるさまざまな EC2 インスタンスタイプが提供されています。EC2 インスタンスは、稼働時間 1 時間当たりの従量課金で、高性能なインスタンスタイプほど高価です。

　本書の例のように実験するだけなら、低スペックで価格の安いインスタンスタイプを選べば十分です。しかし実際に運用する場合には、コストとパフォーマンスの兼ね合いで、求められるシステムの要求に応じた適切なインスタンスタイプを選ぶ必要があります。

■性能の違いを決める項目

　インスタンスの性能は、主に次の 7 項目で決まります。

①CPU 性能

　ほとんどのインスタンスタイプは、CPU パワーが固定です。しかし後述する T2 インスタンスだけ、負荷が高まったときに一定範囲内で一時的に性能を向上させるバースト機能を搭載しています。

②メモリ

　搭載されているメモリ容量です。キャッシュサーバーや大量のデータを解析したい場面では、たくさんのメモリが搭載されているインスタンスタイプを選ぶとよいでしょう。

③GPU

　インスタンスタイプによっては、GPU を搭載しているものもあります。3D レンダリングや GPU に対応した機械学習ソフトウェアを使って高速に演算したいときは、GPU に対応したインスタンスタイプを選ぶようにします。

④ストレージとの接続速度

　EC2 インスタンスでは、後述する「Amazon EBS（Amazon Elastic Block Store。以下、EBS）」というストレージにデータを保存します。

　インスタンスタイプによっては、EBS と接続するバス幅が異なり、より高速にアクセスできるものがあります。

52

⑤インスタンスストアの有無

インスタンスタイプによっては、停止すると失われる揮発性のディスクを備えている
ものがあります。これを**インスタンスストア**と言います。

インスタンスストアは、EBS よりも高速にアクセスできるストレージです。インスタ
ンスタイプによって、HDD と SSD の 2 種類があります。

⑥ネットワーク性能

インスタンスタイプによって、ENI がサポートする最大通信速度が異なります。

⑦ネットワークインターフェイス数や IP アドレスの制限

インスタンスタイプによって、追加できる ENI の最大数や、それぞれの ENI に設定で
きる IP アドレスの最大数が異なります。

■主なインスタンスタイプ

インスタンスタイプは用途別に分かれており、「用途名.性能」という表記で示します。
たとえば、「t2.micro」は、「T2 インスタンスの micro 性能（小さい性能）」のインスタン
スという意味です。

（1）性能

性能は、「CPU 性能」と「ネットワークパフォーマンス」を定めるもので、次のものが
あります。

「nano」「micro」「small」「medium」「large」「xlarge」「2xlarge」「4xlarge」…「32xlarge」…

実験や開発用であれば「nano」や「micro」を使います。特に「t2.micro」は、1 カ月に
750 時間までは、AWS 契約から 1 年間の無償枠の対象なので、実験用としてよく使われ
ます。一般的な実運用では、用途に応じて「small 以上」を使います。

（2）用途

用途は、次の 8 種類があります。なお、ここに例示した以外の古いインスタンスタイ
プもあります。また、インスタンスタイプは過去に何度か一新されており、今後も新し

53

CHAPTER 3 EC2 インスタンスと IP アドレス

いインスタンスタイプで一新される可能性があります。

①T2 インスタンス
【主な用途】　Web サーバー、開発者環境、小規模なデータベースなど、常にフルパワー
で使わず、アイドル時間とアクティブ時間の CPU 性能の差が大きい汎用サーバー。

　ターボブーストを備えた Xeon プロセッサのサーバーです。アイドル時間のときに CPU
性能をクレジットとして溜め、負荷が高くなったときに溜めておいたクレジット分を使っ
て性能アップを図るバースト機能を持つインスタンスです。開発環境によく使います。
　インスタンスストアはありません。「nano」「micro」「small」「medium」「large」の 5 タ
イプがあります。

②M4 インスタンス、M3 インスタンス
【主な用途】　アイドル時間とアクティブ時間の CPU 性能の差が少ない汎用サーバー。
データベースやキャッシュサーバーなど、高速な I/O を必要とする場面など。

　演算能力、メモリ、ネットワークのバランスがとれた汎用サーバーです。実稼働環境
によく使います。M4 インスタンスにはインスタンスストアがありませんが、M3 インス
タンスには SSD のインスタンスストアがあります。
　M4 は「large」「xlarge」「2xlarge」「4xlarge」「10xlarge」の 5 タイプが、M3 は「medium」
「large」「xlarge」「2xlarge」の 4 タイプがあります。

③C4 インスタンス、C3 インスタンス
【主な用途】　高い CPU 能力を必要とする場面。Web サーバー、分析、科学計算、ビデ
オエンコーディングなど。

　高いプロセッサ性能を持つサーバーです。C4 インスタンスはインスタンスストアがあ
りませんが、C3 インスタンスには SSD のインスタンスストアがあります。
　「large」「xlarge」「2xlarge」「4xlarge」「8xlarge」の 5 タイプがあります。

④X1 インスタンス
【主な用途】　インメモリデータベースやビッグデータの処理エンジンなど、大容量のメ

モリを必要とする場面。

　大容量のメモリを搭載したサーバーです。SSD のインスタンスストアも備えており、大量のデータを処理するのに向きます。

　「x1.32xlarge」の 1 タイプしかありません。

⑤R3 インスタンス

【主な用途】　高いパフォーマンスが必要なデータベース、メモリキャッシュなど、大容量のメモリを必要とする場面。

　大容量のメモリを搭載したサーバーです。X1 インスタンスほどの性能が必要ないときは、R3 インスタンスが適しています。

　SSD のインスタンスストアを備えており、「large」「xlarge」「2xlarge」「4xlarge」「8xlarge」の 5 タイプがあります。

⑥G2 インスタンス

【主な用途】　3D アプリケーションストリーム、機械学習、ビデオエンコーディングなど、GPU が必要な場面。

　GPU を搭載したサーバーです。SSD タイプのインスタンスストアも搭載しています。

　「2xlarge」と「8xlarge」の 2 タイプがあります。

⑦I2 インスタンス

【主な用途】　NoSQL データベースなどランダムアクセスが必要な場面

　高速ランダム I/O パフォーマンス用に最適化された SSD インスタンスストアが搭載されています。高い IOPS 性能を求める場合に適します。

　「xlarge」「2xlarge」「4xlarge」「8xlarge」の 4 種類があります。

⑧D2 インスタンス

【主な用途】　超並列処理データウェアハウス、分散ファイルシステム、ログやデータ処理など

大容量の HDD インスタンスストアが搭載されています。

「xlarge」「2xlarge」「4xlarge」「8xlarge」の 4 タイプがあり、最大の「8xlarge」では、48TB
の HDD インスタンスストアを使えます。

3-2-3　ストレージの種類

ほとんどの EC2 インスタンスでは、ストレージとして、EBS を使います。EBS には
「HDD」と「SSD」の 2 種類があり、確保した容量（保存した容量ではなく、確保した容
量なので注意してください）に対して、従量課金されます。高速なストレージほど、容
量単価が高価です。

①HDD

SSD に比べて低速な半面、たくさんの容量を安価に確保できます。最大スループット
が 250MB/秒の「Cold HDD（sc1）」と、500MB/秒の「スループット最適化 HDD（st1）」の
2 種類があります。

②SSD

高速なストレージです。最大 10000IOPS の性能を持つ汎用の「EBS 汎用 SSD（gp2）」
と、最大 20000IOPS まで性能向上できる「EBS プロビジョンド IOPS SSD（io1）」の 2 種
類があります。

性能と価格のバランスから、高パフォーマンスが要求されない場面では、多くの場合
「EBS 汎用 SSD（gp2）」を利用します。

3-2-4　OS は AMI で指定する

EC2 インスタンスにはブートディスクとなるストレージが必要なので、ほとんどの場
合、1 つ以上の EBS を接続して運用します（図 3-8）。必要なストレージの容量は、利用
する OS によって異なります。

OS は、AMI（Amazon Machine Image）というディスクイメージで提供されています（図
3-9）。AMI は、OS やアプリケーションなどのディスクイメージと、ブートの設定情報
などが記載されたファイルです。

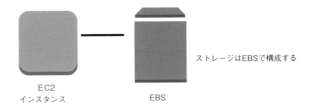

図3-8　ストレージとしてEBSを設定する

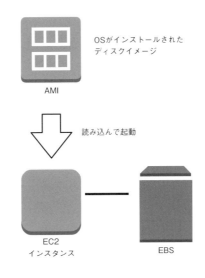

図3-9　EC2インスタンスは指定したAMIから起動する

　AWSでは、さまざまなAMIが提供されています。日本国内でよく使われているのは、AWSがサポートおよび保守管理している「Amazon Linux」というAMIです。RHEL（Red Hat Enterprise Linux）ライクなLinuxシステムで、Amazon用の管理ツールなどが含まれています。

　ほかにも、UbuntuのAMIやWindows ServerのAMIなどもあります。また、「NATサーバー」など、特定の機能が構成されたAMIや、WordPressなどのソフトがあらかじめインストールされたAMIもあります。

3-2-5　EC2インスタンスをリモート操作する

　EC2インスタンスはクラウドのサーバーなので、設置したあとは、インターネットからネットワーク越しにアクセスし、リモートで操作することになります。
　リモートでの操作方法は、インストールしたOS（選んだAMI）によって異なります。LinuxなどのUnix系のOSでは、SSH（Secure Shell）を使って操作します。Windows系のOSでは、リモートデスクトップを使って操作します。
　すぐあとに実際の手順として説明しますが、SSHで操作するために、EC2インスタンスを作るときには、暗号化に用いる「キーペア」をセットアップします。キーペアをなくしてしまうと、そのEC2インスタンスを操作できなくなるので注意してください。
　なお、本書では説明しませんが、Windows Serverのインスタンスを作る場合もキーペアが作られます。Windows Serverインスタンスの場合、キーペアは、SSHで接続するためではなく、リモートデスクトップ接続で使う、初回パスワードを取得するために使われます。

■SSH操作にはパブリックIPアドレスが必要

　SSHでEC2インスタンスを操作するには、そのEC2インスタンスには、パブリックIPアドレスを割り当て、インターネットから到達できなければなりません（図3-10）。

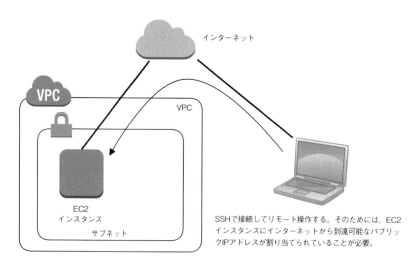

図3-10　EC2インスタンスは、インターネットからSSHで接続して操作する

しかし、プライベート IP アドレスしか設定していない EC2 インスタンスは、到達できないので操作できません。実際、この CHAPTER では EC2 インスタンスにプライベート IP アドレスしか割り当てていないので、SSH で操作できません。パブリック IP アドレスを割り当てて、SSH で操作する方法については、CHAPTER 4 で説明します。

3-2-6　EC2 インスタンスをサブネットに配置する

ここまでで必要な説明は終了したので、実際に、mysubnet01 と名付けたサブネットに EC2 インスタンスを配置していきましょう。操作手順は、以下のようになります。

◎ 操作手順 ◎　サブネットに EC2 インスタンスを配置する

[1] EC2 メニューを開く

● EC2 インスタンスを作るため、AWS マネジメントコンソールのホーム画面から［EC2］を選択してください（図 3-11）。
● このときリージョンは、CHAPTER 2 で VPC 領域を作成したリージョンである「東京」が選択されていることを確認してください。

図 3-11　EC2 メニューを開く

[2] EC2 インスタンスを作り始める

● 左メニューから［インスタンス］を選択します。インスタンスの一覧が表示されま

CHAPTER 3 EC2 インスタンスと IP アドレス

すが、最初は何もインスタンスがないはずです（図3-12）。
● ［インスタンスの作成］をクリックして、インスタンスを作り始めてください。

図3-12　インスタンスを作り始める

［3］ AMI を選択する

● 起動する AMI を選択します。ここでは、「Amazon Linux AMI」を選択することにします（図3-13）。

［4］ インスタンスタイプを選ぶ

● インスタンスタイプを選びます。ここでは、「t2.micro」を選択することにします（図3-14）。
● 選択したら、［次の手順：インスタンスの詳細の設定］を選択してください。

● ［確認と作成］を選択すると、以下の［5］～［8］の手順をデフォルト値で構成してスキップできますが、スキップしてしまうと、インスタンスの配置先は「デフォルトのサブネット（デフォルトの VPC 内のサブネット）」となってしまいます。ですからここでは、［次の手順：インスタンスの詳細の設定］を選ぶようにしてください。

● 3-2 EC2インスタンスの設置

図3-13　Amazon Linux AMIを選択する

図3-14　インスタンスタイプを選択する

CHAPTER 3 EC2 インスタンスと IP アドレス

[5] インスタンスの配置先などを選択する

インスタンスの詳細を設定します。図 3-15 の画面には、ネットワークにおける重要な設定が 3 つあります。

①配置先のサブネット

- ● [ネットワーク] の部分で、配置先の VPC 領域を選択します。そして [サブネット] の部分で、その VPC 領域に含まれるサブネットを選択します。
- ●ここでは、CHAPTER 2 で作成した「mysubnet01」を選びます。

②パブリック IP アドレスを割り当てるかどうか

- ●パブリック IP アドレスを割り当てるかどうかの設定です。[サブネット設定を使用] を選択しておくと、サブネットの設定と同じ動作になります。
- ●特別な理由がなければ、[サブネット設定を使用] にしておきます。
- ●CHAPTER 2 の構成では、サブネット側でパブリック IP アドレスの割り当てをしていないので、[サブネット設定を使用] にした場合、パブリック IP アドレスは割り当てられず、プライベート IP アドレスしか割り当てられません。

③プライマリ IP アドレスとして固定 IP を割り当てるかどうか

- ● [ネットワークインターフェイス] のところでは、ネットワークインターフェイスに対して、割り当てる IP アドレスを指定します。
- ●デフォルトの構成では、プライマリ IP アドレスを自動的に割り当てるように構成されているので、通常は、そのままにしておきます。[次の手順：ストレージの追加] をクリックします。
- ●もし固定 IP アドレスにしたいなら、ここに、指定したい固定 IP アドレスを入力します。

なお、ネットワーク設定を変更したときは、図 3-16 に示すメッセージが表示されるので、[はい] を選択して次に進んでください。

62

●3-2 EC2インスタンスの設置

図3-15　インスタンスの詳細設定

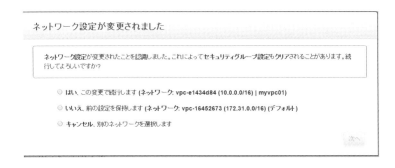

図3-16　ネットワーク設定を変更したときのメッセージ

上記①②③以外の設定は、ネットワークとは関係ない設定です。ここではデフォルト

CHAPTER 3 EC2 インスタンスと IP アドレス

のままとします。参考までに、それらの設定の意味を**表3-2**にまとめておきます。

項目	意味
インスタンス数	起動するインスタンス数。普通は「1」にするが、2以上を入力することで、同じ種類のインスタンスを同時に複数作成可能
購入オプション	AWSでは需要と供給に応じた価格でインスタンスを提供するスポットインスタンスというサービスを提供しており、それを利用し、指定した金額以下のときにだけ起動するという挙動にしたいときは、チェックを付ける
IAM ロール	このインスタンスに設定する、IAM ロールと呼ばれる認証ユーザーの設定。この EC2 インスタンスから、AWS の他のサービス（たとえば S3 など）にアクセスするときには、必要な権限を与えた IAM ロールを指定する
シャットダウン動作	シャットダウンしたときの動作を指定する。デフォルトは［停止］であり、停止するだけ。［削除］にすると、シャットダウンしたときに、この EC2 インスタンスが削除されるようになる（そうした場合、それ以降、この EC2 インスタンスにアクセスできなくなる）
削除保護の有効化	チェックを付けるとロックがかかり、間違えて削除できなくなる
モニタリング	チェックを付けると、CloudWatch というサービスを使って、詳細なモニタリングができるようになる（有償）
テナンシー	他のユーザーと共有した環境で実行するかどうか。デフォルトは［共有］。［専用（ハードウェア専有）］を選ぶと、他と分離された環境で実行されるようになる。また［専有ホスト（Dedicated Host）］を選ぶと、他のユーザーと共有しない専用の物理サーバーで実行されるようになる。［共有］以外は、別途費用がかかる
高度な設定	この EC2 インスタンスに対して、API から参照できるメタデータを設定できる

表3-2　インスタンスの詳細設定（ネットワーク以外の項目の意味)

[6] ストレージの設定

●ストレージとして、どのような EBS を割り当てるのかを指定します。
●デフォルトでは 8GB のストレージが割り当てられるので、そのまま変更せず、［次の手順：インスタンスのタグ付け］に進むことにします（**図3-17**）。

● 3-2 EC2インスタンスの設置

図3-17　ストレージの設定

[7] インスタンスのタグ付け

インスタンスに対して、各種メタデータを設定できます。

- デフォルトでは「Name」という項目があり、そこにサーバー名を設定できます。ここでは「mywebserver」と名付けることにします（図3-18）。[次の手順：セキュリティグループの設定]をクリックします。

[8] セキュリティグループの設定

セキュリティグループを設定します。CHAPTER 1で説明したように、セキュリティグループとは、インスタンスを出入りするパケットに対するパケットフィルタ型のファイアウォール機能です。これについては、CHAPTER 5で改めて説明します。

- デフォルトでは、「launch-wizard-連番」という名前のセキュリティグループが構成され、SSH接続のためのポート22の接続が許可されています。
- デフォルトの名称だとわかりにくいので、ここでは、「webserverSG」（SGはSecurity

CHAPTER 3 EC2 インスタンスと IP アドレス

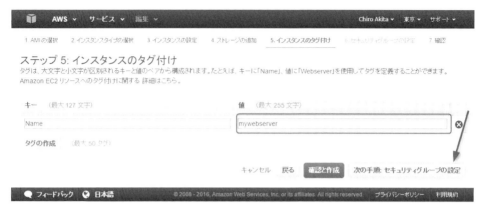

図 3-18　mywebserver と名付ける

Group の略称のつもり）という名前に変更して、[確認と作成] ボタンをクリックしてください（図 3-19）。

図 3-19　セキュリティグループをわかりやすいものに変更する

[9] 確認画面

●確認画面が表示されます。[作成]をクリックしてください（図3-20）。

図3-20 確認画面

[10] キーペアの作成

●SSHで暗号化通信するときに用いるキーペアを作成します。すでにキーペアがある場合は、そこから選べますが、はじめてEC2インスタンスを作成するときは、まだキーペアがないので、プルダウンメニューから[新しいキーペアの作成]を選択します（図3-21）。
●ここで、適当なキーペア名、たとえば「mykey」と入力し、[キーペアのダウンロード]をクリックすると、キーペアファイル（mykey.pem）をダウンロードできます。
●キーペアファイルには秘密鍵も含まれているので、誰にも読み取られない場所に保存しておいてください。また、なくしてしまうと、EC2インスタンスにログインできなくなってしまうので注意してください。この画面でダウンロードし損なうと、

CHAPTER 3 EC2 インスタンスと IP アドレス

再度ダウンロードすることはできません。

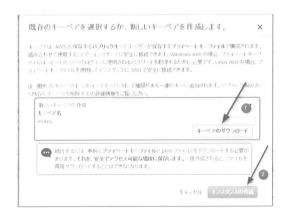

図 3-21　キーペアのダウンロード

● キーペアをダウンロードしたら、図 3-21 の［インスタンスの作成］をクリックしてください。図 3-22 の画面が表示されインスタンスが起動します。

図 3-22　インスタンスの起動

3-3　EC2インスタンスのIPアドレスの確認

　EC2インスタンスが起動したら、そのIPアドレスを確認してみましょう。EC2メニューの［インスタンス］には、起動中のインスタンス一覧が表示されます。インスタンスをクリックして選択すると、その下にインスタンスの詳細情報が表示されます。

　詳細情報には、IPアドレスが記載されています。実際に確認してみると、図3-23に示すように、この例では、「10.0.0.83」のIPアドレスが割り当てられていることがわかります（実際に割り当てられるIPアドレスの値は、環境によって異なります）。

　また「プライベートDNS」として、「ip-10-0-0-83.ap-northeast-1.compute.internal」という内部DNS名が設定されていることもわかります。この「ap-northeast-1.compute.internal」はDHCPサーバーから指定されている名称であり、DHCPサーバーの設定で変更することもできます（前掲の図3-6を参照）。

　この段階では、パブリックIPアドレスを割り当てていないので、「パブリックDNS」や「パブリックIP」は空欄です。

図3-23　EC2インスタンスに割り当てられたIPアドレスを確認する

CHAPTER 3 EC2 インスタンスと IP アドレス

Column　EC2 インスタンス作成後に変更できない項目を変更する

　EC2 インスタンスには、作成したときに値が確定し、以降は変更できない項目があります。たとえば、プライマリプライベート IP アドレスやパブリック IP アドレス割り当ての有無、ユーザー権限を設定する IAM ロールなどが、それに相当します。
　そうした項目を変更したいときは、その EC2 インスタンスの複製を作り、その複製に対して新しい値を設定し、古い EC2 インスタンスを削除するという方法を採ります。
　EC2 インスタンスは、右クリックして［同様のものを作成］を選択すると複製できます（図 3-24）。具体的な方法は、「4-2-2　同じ構成でパブリック IP を有効にした EC2 インスタンスを作り直す」で説明します。

図 3-24　EC2 インスタンスを複製する

3-4　ENI を確認する

　先の例では、EC2 インスタンスのメニューから IP アドレスを確認しましたが、より正確に言えば、IP アドレスが割り当てられているのは、EC2 インスタンスに割り当てられている ENI です。ENI がどのようになっているのかを確認してみましょう。

3-4-1　EC2インスタンスに割り当てられたENIを確認する

　どのENIが割り当てられているのかは、EC2インスタンスの詳細情報の［ネットワークインターフェイス］の部分で確認できます。「eth0」などとインターフェイス名が表示されているので、クリックすると、ENIの名称を確認できます（図3-25）。

図3-25　ENIの名称を確認する

3-4-2　ENIの構成を確認する

　ENIの一覧は、［ネットワークインターフェイス］メニューで参照できます。こちらから確認しても、同じ情報を参照できます（図3-26）。

　EC2インスタンスに、追加のENIを設定する（物理サーバーで言うところの、ネットワークカードを2枚差しする）場合には、この画面で［ネットワークインターフェイスの作成］をクリックして、新しいENIを作り、それをEC2インスタンスにアタッチするという操作をします。

CHAPTER 3 EC2 インスタンスと IP アドレス

図 3-26　ENI 一覧

3-5　まとめ

この CHAPTER では、プライベート IP アドレスの割り当てについて説明しました。

①ENI

- AWS におけるネットワークカードは、ENI で表現される。EC2 インスタンスには、1 つ以上の ENI をアタッチして、通信できるようにする。

②DHCP サーバーによる IP アドレスの割り当て

- ENI には、サブネットに配置された DHCP サーバーから IP アドレスが割り当てられる。割り当てられる IP アドレスは初回に決まり、以降、変更されることはない。

③固定 IP アドレスの割り当て

- 割り当てられるプライベート IP アドレスは、固定 IP アドレスにできるが、あとから変更できない。

●固定 IP アドレスにする場合でも、DHCP サーバーから、いつも同じ IP アドレスが割り当てられるだけであり、OS での IP アドレス取得設定は、固定 IP とはせず、DHCP サーバーを使った動的な割り当ての構成にする。

この CHAPTER での設定内容では、プライベート IP アドレスしか割り当てていないため、EC2 インスタンスに SSH ログインできません。

次の CHAPTER では、パブリック IP アドレスを割り当てることで、SSH ログインできるようにしていきます。

 Column　ENI を別の EC2 インスタンスに装着する

　基本的に ENI は、EC2 インスタンスを作るときに一緒に新規作成します。しかし EC2 インスタンスには、既存の ENI を装着することもできます。

　既存の ENI を装着するというのは、物理サーバーで言うところの、「別のサーバーからネットワークカードを抜き、それを新しいサーバーに取り付ける」という操作に相当します。

　IP アドレスは ENI に結び付けられているので、EC2 インスタンスを作るときに既存の ENI を指定すると、その IP アドレスを引き継いで、新しい EC2 インスタンスで使えます。

　ENI を取り替える操作は、EC2 インスタンスが壊れたり、アップデートしたりといった理由で、インスタンスを交換したいときによく使われるテクニックです。

　EC2 インスタンスが壊れて交換したいときは、壊れた EC2 インスタンスから ENI をデタッチし、新しい EC2 インスタンスにアタッチします（図 3-27）。

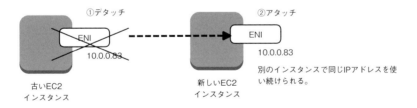

図 3-27　同じ IP アドレスのまま EC2 インスタンスを差し替える

CHAPTER 4
インターネットとの接続

インターネットから EC2 インスタンスに接続するには、パブリック IP アドレスの割り当てとインターネットゲートウェイが必要です。このこと自体は、通常のネットワーク環境と変わりませんが、AWS におけるパブリック IP アドレスは、少し特殊な扱いになっており、インスタンスに本当にパブリック IP アドレスを割り当てるのではなく、プライベート IP アドレスのまま NAT で変換して通信します。

この CHAPTER では、パブリック IP の割り当て方とインターネットゲートウェイの設定方法を説明します。そして、SSH で EC2 インスタンスにログインし、ネットワークインターフェイスの設定を確認することで、割り当てた IP アドレスは、インスタンスからどのように見えるのかについても説明します。

CHAPTER 4 インターネットとの接続

4-1　EC2 インスタンスをインターネットに接続

　VPC 上の EC2 インスタンスをインターネットに接続するには、パブリック IP アドレスを割り当てるだけでは十分ではありません。インターネットゲートウェイを用意し、ルートテーブルも変更しなければなりません（図 4-1）。

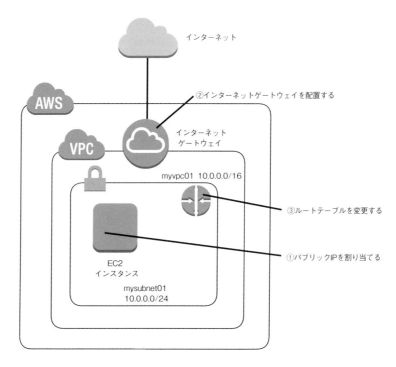

図 4-1　VPC 上の EC2 インスタンスをインターネットに接続するのに必要な操作

4-1-1　パブリック IP アドレスの割り当て

　最初に、EC2 インスタンスへパブリック IP アドレスを割り当てます。すでに CHAPTER 2 で説明したように、EC2 インスタンスに対して、どのような IP アドレスを割り当てるのかは、EC2 インスタンスを作成するときに決めます。その設定は、「ステップ 3：インスタンスの詳細の設定」の「自動割り当てパブリック IP」で行います（図 4-2）。

● 4-1 EC2 インスタンスをインターネットに接続

図 4-2　インスタンスを作成するときに自動割り当てパブリック IP を決める

　設定値は、[サブネット設定を使用] か [有効化] か [無効化] のいずれかです。図 4-2 において、[サブネット設定を使用] にしたときは、サブネットでの設定が使われます。
　CHAPTER 3 では、[サブネット設定を使用] にして EC2 インスタンスを起動しましたが、この設定では、配置先のサブネット（mysubnet）でパブリック IP が有効になっていないため、EC2 インスタンスにはパブリック IP アドレスが割り当てられません。そこで、サブネット（mysubnet）の設定で「パブリック IP アドレスを使用」に設定し、EC2 インスタンスを作り直して（設定を変更して）、もう一度起動します。こうすることで、EC2 インスタンスにパブリック IP アドレスが割り当てられるようになります。

4-1-2　インターネットゲートウェイの設置

　EC2 インスタンスへのパブリック IP アドレスを付与したら、次はインターネットとの通信経路となるインターネットゲートウェイを用意します。これを、（サブネットではなく）VPC に対して設置します。

77

4-1-3　ルートテーブルの変更

　インターネットゲートウェイを設置したら、それをサブネットのデフォルトゲートウェイとして設定します。そうすることで、自分のネットワーク宛て以外のデータが、インターネットゲートウェイを通るようになり、インターネットと通信できるようになります。

　これは、物理的なネットワーク構成において、デフォルトゲートウェイをインターネットに接続されているルーターに設定する必要があるのと同じです。

　VPCにおけるルーティング情報は、**ルートテーブル**として構成されており、サブネット単位で設定します。

　ルートテーブルは、「送信先」と「ターゲット」を指定したルート情報の集まりで、指定した送信先のデータを、どのターゲットに届けるのかを定めるものです。ルールがない送信先のパケットは消失します。

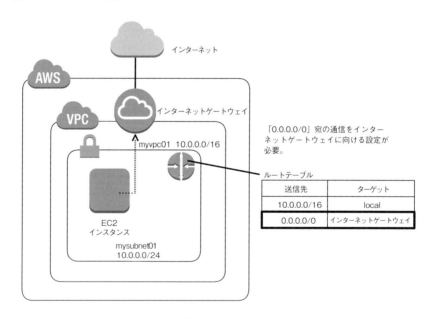

図4-3　ルートテーブルを構成しないとインターネットと接続できない

　図4-3に示したように、サブネットを作成した直後のルートテーブルには、「送信先：10.0.0.0/16、ターゲット：local」というルート情報が設定されています。送信先は「VPC領域のIPアドレス範囲」で、localは「このVPC領域内で処理する」という意味です。

つまりこのルート情報によって、VPC 領域内を宛先とするパケットは、この VPC 領域内で処理されます。

インターネットに接続するには、これに加えて、「それ以外の送信先すべてをインターネットゲートウェイに届ける」というルート情報が必要です。「それ以外の送信先すべて」がデフォルトゲートウェイであり、送信先を「0.0.0.0/0」として設定します。

4-1-4　パブリック IP アドレスは NAT で変換されている

AWS におけるパブリック IP アドレスは、少し特殊で、NAT による運用がなされています。どういうことかというと、パブリック IP アドレスを割り当てたとしても、EC2 インスタンスには、依然としてプライベート IP アドレスしか割り当てられません。代わりに、NAT 機能によって、「プライベート IP アドレス」と「パブリック IP アドレス」の相互変換が行われるようになっています。たとえば、インターネットと通信するときは、図 4-4 のように変換されます。

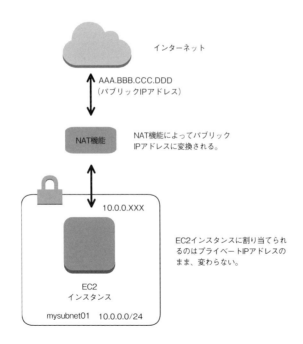

図 4-4　インスタンスに割り当てられているのはプライベート IP のみ

詳細については、このあとの「4-6　EC2 インスタンス内で ENI の状態を確認する」

CHAPTER 4 インターネットとの接続

で説明しますが、実際、Linux 上で、割り当てられた IP アドレスを確認する ifconfig コマンドを実行しても、ネットワークカード（eth0、その実体は ENI）に割り当てられているのはプライベート IP アドレスだけで、パブリック IP アドレスが割り当てられているようには見えません。言い換えると、ifconfig コマンドなどの一般的な方法では、割り当てられたパブリック IP アドレスを知ることができないということです。パブリック IP アドレスを知りたいときは、メタデータサーバーから取得します（「4-7　メタデータからパブリック IP アドレスを取得する」を参照）。

4-2　パブリック IP アドレスの割り当て操作

本節では、実際に EC2 インスタンスにパブリック IP アドレスを設定していきましょう。

4-2-1　サブネットで自動割り当てパブリック IP を構成する

まずは、サブネットの設定を変更し、パブリック IP アドレスを割り当てるように構成します。

◎ 操作手順 ◎　サブネットで自動割り当てパブリック IP を構成する

[1] 自動割り当てパブリック IP の設定画面を開く

● AWS マネジメントコンソールのホーム画面から ［VPC］ を選択してください。そして「VPC」メニューから、［サブネット］ を選択します（図 4-5）。

● 設定したいサブネット（ここでは CHAPTER 2 で作成した mysubnet01）を右クリックし、［自動割り当てパブリック IP の変更］ をクリックします。

[2] 自動割り当てパブリック IP を有効化する

● ［自動割り当てパブリック IP を有効化］ にチェックを付けて、［保存］ ボタンをクリックします（図 4-6）。

80

● 4-2 パブリック IP アドレスの割り当て操作

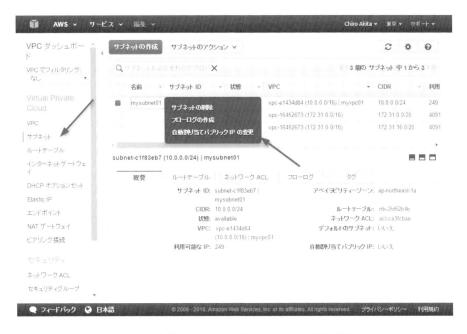

図 4-5　自動割り当てパブリック IP の変更を開く

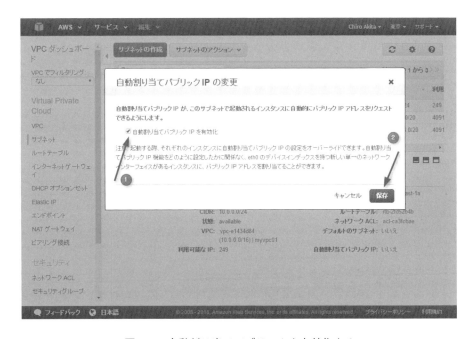

図 4-6　自動割り当てパブリックを有効化する

4-2-2 同じ構成でパブリックIPを有効にしたEC2インスタンスを作り直す

4-2-1項で操作したように、サブネットに対して自動割り当てパブリックIPを有効にしても、それが反映されるのは、有効化以降に作成したEC2インスタンスだけが対象になります。すでに作られて稼働しているEC2インスタンスは、たとえ、「再起動」や「停止してからの再開」などの操作をしても、パブリックIPが有効になることはありません。

すでに稼働しているEC2インスタンスに対してパブリックIPを割り当てるように構成するには、「そのEC2インスタンスと同じ構成のEC2インスタンスを複製し、以前のEC2インスタンスを削除する」という方法を採ります(図4-7)。

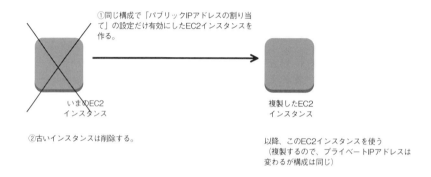

図4-7 すでに存在するEC2インスタンスにパブリックIPアドレスを割り当てたいとき

ただし、これは動的なパブリックIPアドレスを割り当てる場合です。この方法とは別に、固定のパブリックIPアドレスを割り当てる「Elastic IP」という方法があり、その方法を使うと、インスタンス起動後に任意のタイミングで、固定のパブリックIPアドレスを設定したり解除したりできます(この方法については「7-1　Elastic IP」で説明します)。

図4-7のようにパブリックIPアドレスの割り当てを構成するには、次の手順で行います。

◎ 操作手順 ◎　パブリックIPアドレスを有効にしたEC2インスタンスの複製を作る

● 4-2 パブリック IP アドレスの割り当て操作

［1］EC2 インスタンスを複製する

- EC2 メニューで［インスタンス］をクリックして、インスタンス一覧を表示します（図 4-8）。
- そして、複製を作りたいインスタンスを右クリックして、表示されたメニューから［同様のものを作成］を選択します。

図 4-8　インスタンスを複製する

［2］インスタンスの詳細オプションを変更する

- 複製後のインスタンスの構成一覧が表示され、必要な項目を編集できます（図 4-9）。
- 設定を変更するので、［インスタンスの詳細の編集］をクリックしてください。

83

CHAPTER 4 インターネットとの接続

図4-9 インスタンスの詳細の編集

[3] 自動割り当てパブリックIPの変更

● インスタンスの詳細編集画面が表示されます。[自動割り当てパブリックIP]の項目を[サブネット設定を使用]に変更して、[確認と作成]ボタンをクリックしてください（図4-10）。

[4] インスタンスを作成する

● 再度、確認画面が表示されるので、[作成]ボタンをクリックしてください（図4-11）。すると、その構成のインスタンスが作られます。

[5] キーペアを選択する

● キーペアを選択します。ここでは、すでに作成しているキーペアを選び、[選択したプライベートキーファイルへのアクセス権があり、このファイルなしではインスタンスにログインできないことを認識しています。]にチェックを付けて、[インスタンスの作成]をクリックします（図4-12）。
● すると、インスタンスの作成が開始されます。

● 4-2 パブリックIPアドレスの割り当て操作

図 4-10　自動割り当てパブリック IP を変更する

図 4-11　インスタンスを作成する

CHAPTER 4　インターネットとの接続

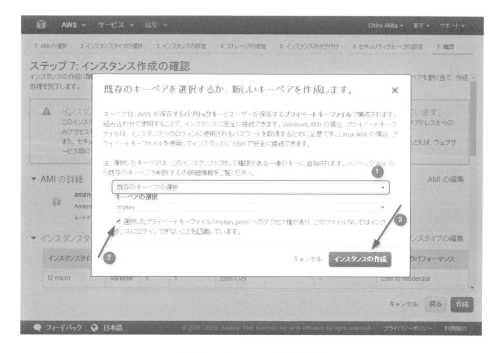

図 4-12　キーペアを選択する

[5] 古い EC2 インスタンスを削除する

- ［インスタンス］メニューを見ると、「複製した新しい EC2 インスタンス」と「もとからあった古い EC2 インスタンス」の 2 つが存在することがわかるはずです。
- 古い EC2 インスタンスは必要ないので、右クリックして［インスタンスの状態］→［削除］を選択してください（図 4-13）。
- すると確認画面が表示されるので、［はい、削除する］を選択すると、削除されます（図 4-14）。

ここまでの手順では、同名で EC2 インスタンスを複製しているので、どちらが古くて、どちらが新しいのかわかりにくいかもしれませんが、起動が完了した段階で、［パブリック IP］が空欄なものが古い EC2 インスタンスです。

● 4-2 パブリックIPアドレスの割り当て操作

図4-13　古いEC2インスタンスを削除する

図4-14　削除の確認メッセージ

87

4-2-3 割り当てられたパブリックIPアドレスを確認する

複製後のEC2インスタンスを選択して、そのパブリックIPアドレスを確認してみましょう（図4-15）。［パブリックIP］の部分に、パブリックIPアドレスが割り当てられたのがわかるかと思います。

このパブリックIPアドレスは、動的なIPアドレスです。EC2インスタンスを停止して再度起動した場合にはIPアドレスが変わります（再起動の場合は、変わりません）。

図4-15　パブリックIPアドレスを確認する

4-3　VPCにインターネットゲートウェイを接続する

前節までの操作で、インスタンスにパブリックIPが割り当てられましたが、残念ながら、まだインターネットと接続することはできません。インターネットに接続するには、さらにインターネットゲートウェイとルートテーブルの構成が必要です。

4-3-1　VPC領域にインターネットゲートウェイを接続する

まずは、VPC 領域にインターネットゲートウェイを接続しましょう。その方法は、次の操作手順のとおりです。

◎ 操作手順 ◎　VPC 領域にインターネットゲートウェイを接続する

[1] インターネットゲートウェイを新規作成する

- AWS マネジメントコンソールの［VPC］メニューから、［インターネットゲートウェイ］を選択します。すると、インターネットゲートウェイの一覧が表示されます。一覧のなかには、デフォルトの VPC に設定されたインターネットゲートウェイが 1 つ存在するはずです。
- 新しくインターネットゲートウェイを作成するため、［インターネットゲートウェイの作成］をクリックしてください（図 4-16）。

図 4-16　インターネットゲートウェイを作成する

CHAPTER 4 インターネットとの接続

[2] インターネットゲートウェイに名前を付ける

- 作成するインターネットゲートウェイに名前を付けます。どのような名前でもかまいませんが、ここでは、「myig」という名前（ig は Internet Gateway の略語のつもり）という名前を付けることにします（図 4-17）。
- 名前を入力したら、[作成] ボタンをクリックすると、インターネットゲートウェイが作成されます。

図 4-17　インターネットゲートウェイに名前を付ける

[3] インターネットゲートウェイを VPC 領域にアタッチする

- 作成されたインターネットゲートウェイを VPC 領域に配置するため、[VPC にアタッチ] をクリックします（図 4-18）。
- すると、配置先の VPC 領域を尋ねられるので、配置したい VPC 領域を選択して [アタッチ] をクリックします。すると、その VPC 領域に配置されます。

● 4-4 ルートテーブルを構成する

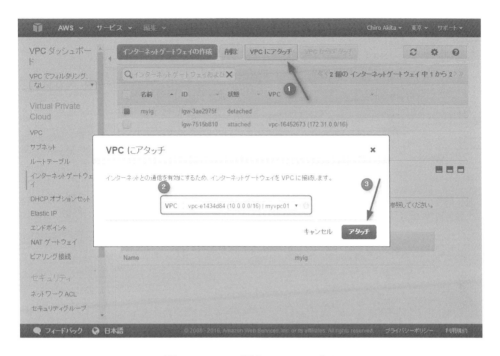

図4-18　VPC領域にアタッチする

4-4　ルートテーブルを構成する

インターネットゲートウェイの作成に引き続き、ルートテーブルを構成します。ルートテーブルは、サブネットごとに設定します。

4-4-1　ルートテーブルの構成

ルーティング情報は、「ルートテーブル」として構成されており、それがサブネットと結び付くという形をとっているため、少し複雑です。

サブネットに明示的にルートテーブルを割り当てないときは、VPCに構成された「メインのルートテーブル」が採用される決まりになっています（図4-19）。

サブネットに対してルーティングを変更したい場合、2つの選択肢があります。

①メインのルートテーブルを変更する

メインのルートテーブルを変更する場合、ルートテーブルが明示的に設定されていな

CHAPTER 4 インターネットとの接続

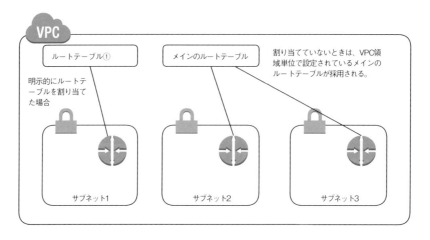

図4-19　サブネットとルートテーブルとの関係

いすべてのサブネットのルーティングも変更になります（図4-19のサブネット2とサブネット3のケース）。

②新しくルートテーブルを作ってアタッチする

新しくルートテーブルを作ってサブネットにアタッチする場合、影響範囲は、そのサブネットに対してのみとなります（図4-19のサブネット1のケース）。

どちらの方法でもよいのですが、①の方法は変更時の影響範囲が大きいので、設定には注意してください。

すべてのサブネットで共通の設定にしたいときは、①の方法を採るとよいでしょう。そうでないときには、②の方法を採るとよいでしょう。

ここでは、全体に対しての変更は避けたいので、②の方法で実施していきます。

4-4-2　ルートテーブルを確認する

最初に、現在どのようなルートテーブルが構成されているのかを見ていきましょう。

ルートテーブルは、［ルートテーブル］メニューをクリックすると操作できます。一覧には、［メイン］の項目が［はい］になっているルートテーブルがあるはずです。これが「メインのルートテーブル」の正体です（図4-20）。

ここまでの操作では、2つのルートテーブルがあるはずです。

● 4-4 ルートテーブルを構成する

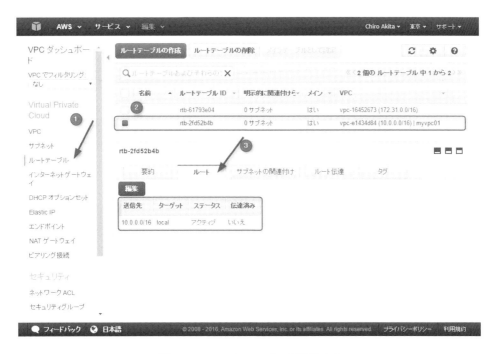

図4-20　ルートテーブルを確認する

①デフォルトのVPC領域に対するメインのルートテーブル
②作成したmyvpc01のVPC領域に対するメインのルートテーブル

　ここでは②の設定情報を見てみましょう。myvpc01に割り当てられたルートテーブルを選択して［ルート］タブをクリックします。すると、そのルートテーブルに設定されているルーティングの内容が表示されます。

　初期状態では、myvpc01に対するメインのルートテーブルには、次のようなルート情報が登録されており、このVPC領域で用いているネットワーク範囲のものは、local（このネットワーク内）で処理されますが、それ以外はルートの登録がないのですべて破棄されます。つまり、インターネットに出ていけません。

送信先　　　　　　　ターゲット
10.0.0.0/16　　　　　local

　また［サブネットの関連付け］タブをクリックすると、そのルートテーブルを使っているサブネット一覧を確認できます（図4-21）。
　メインのルートテーブルの場合は、明示的に関連付けられていないサブネットの一覧

93

CHAPTER 4　インターネットとの接続

図 4-21　サブネットの関連付けを確認する

も表示されます。

4-4-3　インターネットゲートウェイをデフォルトゲートウェイとしたルートテーブルを作る

　では、ルートテーブルを新規に作り、インターネットゲートウェイをデフォルトゲートウェイとして設定していきましょう。

> ◎ 操作手順 ◎　ルートテーブルを作成し、インターネットゲートウェイをデフォルトゲートウェイとする

[1] ルートテーブルを作成する

● [ルートテーブルの作成] をクリックします（図4-22）。
● [ネームタグ] には、ルートテーブルに設定する名前を入力します。ここでは、「inettable」（Internetに接続できるルートテーブルという意味のつもり）という名前にします。

● 4-4 ルートテーブルを構成する

● [VPC] では、ルートテーブルを用いる VPC 領域を選択します。ここでは [myvpc01] を選択します。[作成] ボタンをクリックすると、ルートテーブルが作られます。

図4-22 ルートテーブルを作成する

[2] ルートテーブルを編集する

● [1] で作ったルートテーブルに、インターネットゲートウェイへのルーティングを追加します。
● [1] で作ったルートテーブルをクリックして選択状態にして [ルート] タブをクリックすると、自分自身である、次のようなルート情報があるのがわかります。

送信先	ターゲット
10.0.0.0/16	local

ここにルート情報を追加するため、[編集] をクリックしてください（図4-23）。

95

CHAPTER 4 インターネットとの接続

図 4-23 ルート情報を編集する

[3] 新しいルートを追加する

- ［別ルートの追加］ボタンをクリックして、ルート情報を追加します（図4-24（1））。すると、新しい項目が追加されるので、インターネットゲートウェイをデフォルトゲートウェイとするルート情報を追加します。
- 具体的には、「0.0.0.0/0」を送信先とし、ターゲットをインターネットゲートウェイとしたルート情報を追加します。前掲の図4-17では、「myig」という名前でインターネットゲートウェイを作成したので、ターゲットのボックスをクリックして選択します（図4-24（2））。そうすることで、他のルート情報でターゲットの定まらないパケットは、破棄されずにインターネットゲートウェイから出て行くようになります。
- ルート情報を入力したら、［保存］ボタンをクリックして保存します。

● 4-4 ルートテーブルを構成する

図 4-24（1） デフォルトゲートウェイを構成する-1

図 4-24（2） デフォルトゲートウェイを構成する-2

CHAPTER 4 インターネットとの接続

4-4-4　サブネットのルートテーブルを変更する

これで、インターネットゲートウェイをデフォルトゲートウェイとして構成したルートテーブル「inettable」ができました。

このルートテーブルを、作ったサブネットで使うように構成します。その手順は、次のとおりです。

◎ 操作手順 ◎　サブネットで使うルートテーブルを変更する

[1] サブネットのルートテーブルを開く

● AWSマネジメントコンソールの [VPC] メニューから [サブネット] を選択してサブネット一覧を表示します（図4-25）。
● そして変更したいサブネットを選択して、[ルートテーブル] タブを開きます。
● ルートテーブルを変更するため、[編集] をクリックしてください。

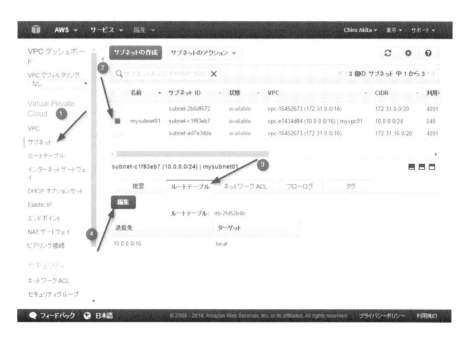

図4-25　サブネットのルートテーブルを編集する

[2] ルートテーブルを変更する

● ルートテーブルを選択できるので、作成した「inettable」を選択し、[保存] ボタンをクリックします（図 4-26）。

図 4-26　ルートテーブルを変更する

4-5　EC2 インスタンスに SSH で ログインする

　前節までの操作で、EC2 インスタンスがインターネットと通信できるようになりました。この EC2 インスタンスに SSH でログインし、どのような状況になっているのかを確認してみましょう。

4-5-1 接続先となるIPアドレスを確認する

まずは、EC2インスタンスに割り当てられたパブリックIPアドレスを確認しましょう。すでに「4-2-3　割り当てられたパブリックIPアドレスを確認する」で説明したように、AWSマネジメントコンソールの［EC2］メニューの、［インスタンス］の一覧で確認してください（図4-27）。

図4-27　パブリックIPアドレスを確認する

● Memo　パブリックIPアドレスへのping確認

このパブリックIPアドレスに対して、pingコマンドを実行しても応答はありません。つまり、pingすることでサーバーに到達可能かを調べることはできません。これは、セキュリティグループでICMP通信を遮断する設定になっているためです。セキュリティグループについては、CHAPTER 5で説明します。

4-5-2　SSHで接続する

それでは、このパブリックIPアドレスにSSHで接続してみましょう。接続には、インスタンスを作成するときにダウンロードしたキーペアファイルが必要です。

■ Windowsで接続する

Windowsで接続するには、Tera Term（https://osdn.jp/projects/ttssh2/）やPutty（http://www.putty.org/）などのソフトを使います。

Tera Termで接続する場合、図4-28のように、確認したパブリックIPアドレスに対して接続します。

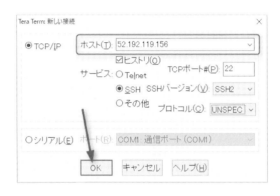

図4-28　Tera Termで接続する

初回に限り、セキュリティ警告画面が表示されるので、［続行］ボタンをクリックします（図4-29）。

ユーザー名を尋ねられるので、Amazon Linuxの場合、ユーザー名には「ec2-user」と入力します。

そして［RSA ／ DSA ／ ECDSA ／ ED25519鍵を使う］を選択し、ダウンロードしておいたキーペアファイルを選択し、［OK］ボタンをクリックすると接続できます。キーペアファイルにはパスフレーズは設定されていないので、［パスフレーズ］は空欄のままとします（図4-30）。

CHAPTER 4 インターネットとの接続

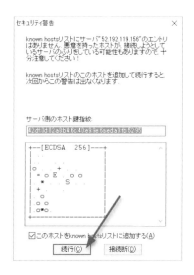

図 4-29 セキュリティ警告画面

図 4-30 ユーザー名を入力し、キーペアファイルを選択する

■ MacOS で接続する

　MacOS で接続する場合は、標準のターミナルを使います。あらかじめダウンロードしておいたキーファイルを、適当な場所に保存しておきます。

　たとえば、そのキーファイルが「mykey.pem」だとします。まずは、そのファイルの

● 4-5 EC2 インスタンスに SSH でログインする

パーミッションを 600 に変更します。

```
$ chmod 600 mykey.pem    ←パーミッションの変更
```

そして、次のように ssh コマンドを使って、接続します。

```
$ ssh -i mykey.pem ec2-user@52.192.119.156 ←52.192.119.156 は図 4-27 で調べた IP アドレス
```

初回に限り以下のように表示されるので、「yes Enter 」と入力すると接続できます。

```
The authenticity of host '52.192.119.156 (52.192.119.156)' can't be est
ablished.
RSA key fingerprint is …省略….
Are you sure you want to continue connecting (yes/no)?yes Enter
```

4-5-3　root ユーザーで操作する

接続すると、次のようなプロンプトが表示され、コマンドを入力してさまざまな操作
ができます。これは普通の Linux サーバーと同じです。

```
     __|  __|_  )
     _|  (     /   Amazon Linux AMI
    ___|\___|___|

https://aws.amazon.com/amazon-linux-ami/2016.03-release-notes/
[ec2-user@ip-10-0-0-198 ~]$
```

ログインした ec2-user というユーザーは root ユーザーではありませんが、sudo コマン
ドで root ユーザーでの操作ができるように構成されています。つまり、以下の書式でコ
マンドを入力すると、root ユーザーでコマンドを実行できます。

　　　書式　$ sudo コマンド

たとえば、yum コマンドを使ってソフトウェアをアップデートするのであれば、次の
ように入力します。

```
$ sudo yum update
```

もしいちいち sudo するのが煩雑なら、次のように入力すると root ユーザーとなり、以

103

CHAPTER 4 インターネットとの接続

降の操作をすることもできます。

```
$ sudo -i
```

root ユーザーからもとの ec2-user に戻るには、「exit」と入力します。

4-6　EC2 インスタンス内で ENI の状態を確認する

EC2 インスタンスにログインできたところで、EC2 インスタンス側から、AWS のネットワークカードである ENI がどのように構成されているのかを見てみましょう。

4-6-1　IP アドレスを確認する

まずは IP アドレスを確認しましょう。ifconfig コマンドを入力すると、ネットワークインターフェイスの状態がわかります。

```
$ ifconfig
eth0      Link encap:Ethernet  HWaddr 06:10:29:E8:3C:73
          inet addr:10.0.0.198  Bcast:10.0.0.255  Mask:255.255.255.0
          inet6 addr: fe80::410:29ff:fee8:3c73/64 Scope:Link
          UP BROADCAST RUNNING MULTICAST  MTU:9001  Metric:1
          RX packets:1447 errors:0 dropped:0 overruns:0 frame:0
          TX packets:1746 errors:0 dropped:0 overruns:0 carrier:0
          collisions:0 txqueuelen:1000
          RX bytes:123151 (120.2 KiB)  TX bytes:171942 (167.9 KiB)

lo        Link encap:Local Loopback
          inet addr:127.0.0.1  Mask:255.0.0.0
          inet6 addr: ::1/128 Scope:Host
          UP LOOPBACK RUNNING  MTU:65536  Metric:1
          RX packets:2 errors:0 dropped:0 overruns:0 frame:0
          TX packets:2 errors:0 dropped:0 overruns:0 carrier:0
          collisions:0 txqueuelen:1
          RX bytes:140 (140.0 b)  TX bytes:140 (140.0 b)
```

この結果からわかるように、eth0 というネットワークインターフェイスがあり、これが AWS における ENI です。割り当てられている IP アドレスは、以下のようプライベート IP アドレスになっています。

104

● 4-6 EC2 インスタンス内で ENI の状態を確認する

　　addr:10.0.0.198 Bcast:10.0.0.255 Mask:255.255.255.0

　この一覧には、パブリック IP アドレスの情報はありません。これは、すでに説明したように、AWS においては EC2 インスタンスとインターネットとの通信は NAT で変換されているためです。

4-6-2　DNS サーバーの設定を確認する

　次に、DNS サーバーの設定を確認しましょう。Amazon Linux では、DHCP サーバーから割り当てられた DNS サーバーの構成値が、/etc/resolv.conf に記述されています。
　cat コマンドで resolv.conf を表示してみると、nameserver は、次のようになっていることがわかります。

```
$ cat /etc/resolv.conf
; generated by /sbin/dhclient-script
search ap-northeast-1.compute.internal
options timeout:2 attempts:5
nameserver 10.0.0.2
```

　「10.0.0.2」は、AWS によってサブネット上に構成された DNS サーバーです。実際、この DNS サーバーを使ってドメイン名を引くことができるようになっており、たとえば、dig コマンドを使うと、次のように確認できます。

```
$ dig www.impress.co.jp

; <<>> DiG 9.8.2rc1-RedHat-9.8.2-0.37.rc1.45.amzn1 <<>> www.impress.co.jp
;; global options: +cmd
;; Got answer:
;; ->>HEADER<<- opcode: QUERY, status: NOERROR, id: 31851
;; flags: qr rd ra; QUERY: 1, ANSWER: 1, AUTHORITY: 0, ADDITIONAL: 0

;; QUESTION SECTION:
;www.impress.co.jp.              IN      A

;; ANSWER SECTION:
www.impress.co.jp.      300     IN      A       203.183.234.2

;; Query time: 6 msec
;; SERVER: 10.0.0.2#53(10.0.0.2)
;; WHEN: Mon Aug 22 01:29:46 2016
;; MSG SIZE  rcvd: 51
```

105

CHAPTER 4 インターネットとの接続

4-6-3 インターネットに到達可能かを確認する

最後に、このEC2インスタンス側から、インターネットに到達可能かどうかを確認しておきましょう。

まずは、pingコマンドを使って到達を確認してみます。

```
$ ping www.impress.co.jp
PING www.impress.co.jp (203.183.234.2) 56(84) bytes of data.
64 bytes from www.impress.co.jp (203.183.234.2): icmp_seq=1 ttl=56 time
=2.65 ms
```

pingコマンドが応答を返しており、指定したホストに到達できていることがわかります。

次に、curlコマンドを使って、HTTP通信できるかどうかを確かめてみましょう。

```
$ curl www.impress.co.jp
<!DOCTYPE html PUBLIC "-//W3C//DTD XHTML 1.0 Transitional//EN" "http://
www.w3.org/TR/xhtml1/DTD/xhtml1-transitional.dtd">
<html xmlns="http://www.w3.org/1999/xhtml">
<head>
<meta http-equiv="Content-Type" content="text/html; charset=UTF-8" />
<title>株式会社インプレス</title>
<link href="css/style.css" rel="stylesheet" type="text/css" />
…省略…
```

こちらも、うまくコンテンツを取得できることがわかりました。

4-7 パブリックIPアドレスを取得する

ここまで説明してきたように、ifconfigコマンドで表示されるEC2インスタンスのIPアドレスはプライベートIPアドレスです。

インターネットと通信するときには、自動的にパブリックIPアドレスに変換されるので、通常は気にする必要はありませんが、EC2インスタンス側で、自身に割り当てられたパブリックIPアドレスを知りたいこともあります。そのようなときには、メタデータとして取得します。

106

● 4-7 パブリック IP アドレスを取得する

4-7-1　メタデータを配信する HTTP サーバー

実は、AWS ネットワーク上には、次の IP アドレスが付けられた特別なサーバーがあ
ります。

http://169.254.169.254/

このサーバーは、アクセスした EC2 インスタンスに関する、さまざまな情報を返すメ
タデータサーバーです。次の URL にアクセスすると、メタデータの一覧を得ることがで
きます。

http://169.254.169.254/latest/meta-data/

実際、curl コマンドでアクセスすると、次のようになります。

```
$ curl 169.254.169.254/latest/meta-data/
ami-id
ami-launch-index
ami-manifest-path
block-device-mapping/
hostname
instance-action
instance-id
instance-type
local-hostname
local-ipv4
mac
metrics/
network/
placement/
profile
public-hostname
public-ipv4
public-keys/
reservation-id
security-groups
```

CHAPTER 4 インターネットとの接続

4-7-2　パブリックIPアドレスを取得する

パブリックIPアドレスは、次のURLから取得できます。

http://169.254.169.254/latest/meta-data/public-ipv4

curlコマンドを使って実際に接続すると、次のように、パブリックIPアドレスが返されます。

```
$ curl 169.254.169.254/latest/meta-data/public-ipv4
52.192.119.156
```

もしサーバーの設定などでパブリックIPアドレスが必要なときには、このメタデータサーバーから、動的に値を取得して用いるとよいでしょう。

4-8　まとめ

このCHAPTERでは、パブリックIPアドレスの割り当てについて説明しました。

①パブリックIPアドレスの割り当て

●サブネットの「自動割り当てパブリックIP」の構成で有効化を指定できる。もしくは、EC2インスタンスの設定で有効化を選択する。

●一度、無効化されているEC2インスタンスに対して、有効化に変更することはできないので、複製することで対応する（もしくは、CHAPTER 7で説明するElastic IPを用いる）。

②インターネットゲートウェイとルートテーブル

●インターネットに接続するには、VPC領域にインターネットゲートウェイをアタッチし、サブネットのルートテーブルを編集して、デフォルトゲートウェイをそのインターネットゲートウェイに設定する必要がある。

③NATによる通信

●パブリックIPアドレスを割り当てても、EC2インスタンスに割り当てられるのはプライベートIPアドレスのまま。インターネットとは、プライベートIPアドレスを

●4-8 まとめ

NATでパブリックIPアドレスに変換してアクセスしている。

●割り当てられたパブリックIPアドレスを知りたいときは、メタデータサーバー（http://169.254.169.254/）にアクセスする。

次のCHAPTERでは、このEC2インスタンスにApacheをインストールして、Webサーバーとして動かす方法を説明します。

CHAPTER 4 インターネットとの接続

 Column　AWS らしい使い方に向けて

　これまでの CHAPTER では、VPC 周りを中心に、EC2 インスタンスを、どのように構成すればよいのかを説明してきました。全体を通して、もっとも重要なポイントとなるのは以下の 3 点です。

①インターネットゲートウェイを配置し、ルーティングを構成しないとインターネットと接続できないこと
②インターネットに接続しない限りは、管理もできないこと
③EC2 インスタンスにはプライベート IP アドレスが割り当てられており、パブリック IP アドレスはインターネットゲートウェイで変換されるのに過ぎないこと

　さて、本書でターゲットにしているのは、「サーバーとして EC2 インスタンスを使う」という構成でしたが、これは、従来のオンプレミスの環境を、そのままの状態で AWS に移行する場合の考え方です。
　実際には、より堅牢で安価なシステムを作るために、EC2 インスタンスではなく、それぞれの専用のマネージドサービスを組み合わせてシステム全体を構築します。たとえば、データベースを運用するときには「Amazon RDS」を使う、ストレージを構成するのに「Amazon S3」を使う、負荷分散のために「Amazon ELB」を使うなどです。こうしたマネージドサービスを使う場合でも、VPC の構成というのは、本書で説明した内容と変わりません。
　AWS のネットワークの基本を習得したなら、今度は、さまざまなサービスを組み合わせて、AWS らしいシステムの構築を目指してみてください。

CHAPTER 5
セキュリティグループと
ネットワーク ACL

インターネットと接続される EC2 インスタンスには、外部からの攻撃に対処するため、通信ポートを制御するファイアウォール機能が必要です。AWS のファイアウォール機能には 2 つの仕組みが用意されています。1 つは「セキュリティグループ」、もう 1 つは「ネットワーク ACL」です。前者は EC2 インスタンスごとに設定されるもの、後者はサブネットごとに設定されるものです。

セキュリティレベルの異なる仕組みが用意されているのは、両者を使い分ける必要があるためです。おおざっぱに言うと、サブネット単位のセキュリティにはネットワーク ACL を使い、インスタンスごとに個別の対応が必要なポートの制御は、セキュリティグループを利用します。

この CHAPTER では、この 2 つのファイアウォール機能について説明したうえで、Apache HTTP Server（以下 Apache）や nginx などの Web サーバーソフトウェアを EC2 インスタンスにインストールしたときに必要となる、セキュリティグループの変更方法についても説明します。

CHAPTER 5　セキュリティグループとネットワーク ACL

5-1　セキュリティグループとネットワーク ACL の違い

　AWS の VPC には、2 つのファイアウォール機能があります（図 5-1）。1 つは「セキュリティグループ」、もう 1 つは「ネットワーク ACL」と呼ばれるものです。前者は EC2 インスタンスの ENI ごとに設定されるもので、後者はサブネットごとに設定されるものです。また前者は「ステートフル」、後者は「ステートレス」という違いもあります（表 5-1）。

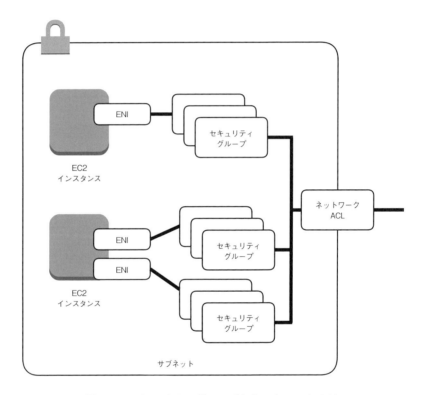

図 5-1　セキュリティグループとネットワーク ACL

　セキュリティを設定する場合、まず、ネットワーク ACL を使って、サブネット全体のセキュリティを構成します。たとえば、「社内 LAN の IP アドレスからしか接続できないようにする」とか「特定のポートだけを通すようにする」といった、大まかな設定を行います。そして次に、個々の EC2 インスタンスに対して、そのインスタンス上で実行したいサービスを加味しながら、それぞれにセキュリティグループを構成していきます。

● 5-1 セキュリティグループとネットワーク ACL の違い

　セキュリティグループのデフォルトは、TCP ポート 22 を通すという必要最低限の構成
であるため、ほとんどの場合、カスタマイズが必要です。たとえば、Web サーバーとし
て利用するには、HTTP 通信で必要な TCP ポート 80 や HTTPS 通信で必要な TCP ポート
443 を通すように設定を変更する必要があります。対してネットワーク ACL は、デフォ
ルトが「すべての通信を通す」という構成であるため、こちらはカスタマイズせず、デ
フォルトのままの運用もできます。

	セキュリティグループ	ネットワーク ACL
対象	ENI 単位	サブネット単位
設定メニュー	EC2 メニュー	VPC メニュー
ルール	許可ルールのみ	許可と拒否ルールの両方
ルールの評価順序	すべてをチェック	指定した順序でチェック
動作	ステートフル	ステートレス

表 5-1　セキュリティグループとネットワーク ACL の違い

CHAPTER 5　セキュリティグループとネットワーク ACL

5-2　　セキュリティグループ

　セキュリティグループは、EC2 インスタンスの ENI に対して設定するパケットフィルタリング機能です。EC2 インスタンスを作成すると、デフォルトで「launch-wizard-連番」というセキュリティグループが作られ、それが適用されます（図 5-2）。すでに CHAPTER 3 において、EC2 インスタンスを作成する過程で、自動的に作成されていたので、覚えている方もいるかもしれません。

　デフォルトのセキュリティグループでは、SSH 接続のための TCP ポート 22 の接続だけが許可されています。CHAPTER 3 では、これを「webserverSG」という名前に変更して、EC2 インスタンスに適用しました。

図 5-2　デフォルトのセキュリティグループ

5-2-1　EC2 インスタンス、ENI とセキュリティグループの関係

　EC2 インスタンスの「ENI」と「セキュリティグループ」は、多対多の関係です。1 つの ENI に対して最大 5 つまでの複数のセキュリティグループを指定でき、また、1 つの

セキュリティグループを複数のENIで共有できます（図5-3）。共有しているときは、あるセキュリティグループの設定を変更すると、それを利用しているENIのすべての動作が変わります。

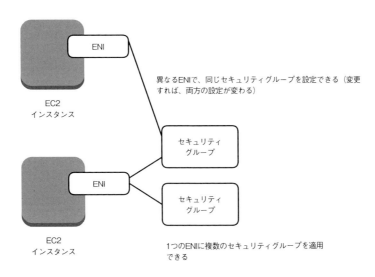

図5-3　ENIとセキュリティグループの関係

ENIが、どのセキュリティグループを利用しているのかは、EC2メニューの［ネットワークインターフェイス］でENI一覧を見ると、確認できます（図5-4）。

しかしENIの一覧画面で調べるのは、そもそもEC2インスタンスが、どのENIを使っているのかを調べる必要があり、確認するのが煩雑です。そこで、EC2インスタンスの一覧からは、直接「プライマリENI（1つめのENI）が利用しているセキュリティグループ」を操作できるようになっています（図5-5）。

EC2インスタンスでは、1つのENIしか使わない運用が多いので、そうした場合、ENI一覧の画面からではなく、EC2インスタンス一覧画面から操作したほうが簡単です。もちろん、EC2インスタンス画面からの操作とENI画面からの操作は連動しており、図5-5のEC2インスタンスの一覧からセキュリティグループを変更すれば、図5-4のENI一覧の画面にも反映されます。逆も同様です。

CHAPTER 5 セキュリティグループとネットワーク ACL

図 5-4 ENI が利用しているセキュリティグループを確認する

図 5-5 EC2 インスタンスの画面でセキュリティグループを確認する

5-2-2 セキュリティグループのルール

ENI（EC2 インスタンス）から参照しているセキュリティグループの一覧は、［セキュリティグループ］メニューで確認できます（図 5-6）。セキュリティグループは、VPC 領域ごとに最大 500 個まで登録できます。

図 5-6　セキュリティグループ一覧

セキュリティグループ一覧には、自分が作成したセキュリティグループ以外に、最初から用意されている「default」という名前のセキュリティグループがあります。このセキュリティグループは、削除できません（設定内容を変更することはできます）。

default セキュリティグループについては、「5-2-4　同じセキュリティグループ同士で通信する構成」で改めて説明します。

セキュリティグループは、どのような通信を許すのかを**インバウンド**（EC2 インスタンスに入ってくる方向）と**アウトバウンド**（EC2 インスタンスから出て行く方向）の 2 種類のルールで制御します（図 5-7、図 5-8）。上部の［インバウンド］［アウトバンド］のタブをクリックすることで、それらの設定を参照したり変更したりできます。ルールは、それぞれ最大 50 個まで設定できます。

CHAPTER 5　セキュリティグループとネットワーク ACL

図 5-7　インバウンドのルール

図 5-8　アウトバウンドのルール

　セキュリティグループのルールには、「拒否」という設定はありません。許可するものだけをルールとして登録し、登録しなかったものは拒否されます。

　図 5-8 に示したように、デフォルトでアウトバウンドのルールには「すべてのトラフィック」が登録されています。そのため、アウトバンド方向はすべての通信が通ります。もし、いくつかの通信を拒否したいときは、このデフォルトの「すべてのトラフィック」のルールを削除して、通したいルールだけを追加します。

5-2-3　ルールを設定する

　［インバウンド］または［アウトバウンド］の［編集］ボタンをクリックすると、ルールを編集できます。［ルールの追加］をクリックすると、ルールを追加できます（図 5-9）。
　次の項目で、許可する通信を設定します。

● 5-2 セキュリティグループ

図5-9　ルールの編集

①タイプ

「TCP」「UDP」「ICMP」「その他」など、通信するタイプを指定します。

②プロトコル

プロトコルを指定します。①で「カスタム ICMP ルール」を選んだときは、ICMP プロトコルのうち「エコー応答」など、どのプロトコルを通すのかを指定します。また「カスタムプロトコル」を選んだときは、プロトコル番号を指定します。

「TCP」や「UDP」を選んだときは、この指定はありません。

③ポート範囲

ポートの範囲を指定します。単一のポート番号を入力する（たとえば「80」）か、番号範囲を「-」で指定できます（たとえば「10000-10080」）。

④送信元または送信先

送信元（インバウンドの場合）または送信先（アウトバウンドの場合）を指定します。次の3種類の指定ができます。

(1) カスタム

「CIDR」や「IPアドレス」、または、「セキュリティグループ」で指定します。

(2) 任意の場所

「すべての場所」を意味します。「0.0.0.0/0」と同じです。

(3) マイ IP

自動的に、いま AWS マネジメントコンソールで操作している端末の IP アドレスが設

CHAPTER 5 セキュリティグループとネットワーク ACL

定されます。

5-2-4 同じセキュリティグループ同士で通信できるようにする構成

　ルールでは、5-2-3 項の④で説明したように送信元または送信先を指定しますが、このとき、CIDR や IP アドレスではなく、「セキュリティグループ」を指定できるのが、大きな特徴です。この仕組みを使うと、「特定のセキュリティグループを設定した EC2 インスタンスとだけ通信する」というルールが作れます。

　すでに説明してきたように、AWS において、EC2 インスタンスの IP アドレスは動的に割り振られるので、IP アドレスや CIDR で特定するよりも、「どのセキュリティグループが設定されている EC2 インスタンスなのか」のほうが、インスタンスを特定しやすいのです。

　運用上、よくあるパターンが、「同じセキュリティグループが設定されている EC2 インスタンス同士は、無制限に通信できる」という構成です。実は、デフォルトで用意されている「default セキュリティグループ」は、この設定がなされたセキュリティグループです。default セキュリティグループでは、「送信元が自分自身のルール」がインバウンドに設定されています（図 5-10）。

図 5-10　default セキュリティグループの設定

●5-2 セキュリティグループ

　つまり、EC2 インスタンスに対して「default セキュリティグループ」を追加で設定すると、「default セキュリティグループが設定されているほかの EC2 インスタンスと自由に通信できる」という構成を作れます（図 5-11）。たとえば、「インターネット向けの Web サーバー」「イントラネット向けの Web サーバー」「DB サーバー」があり、互いに自由な通信を許すという構成は、これら 3 台のインスタンスに default セキュリティグループを追加設定することで、容易に実現できます。

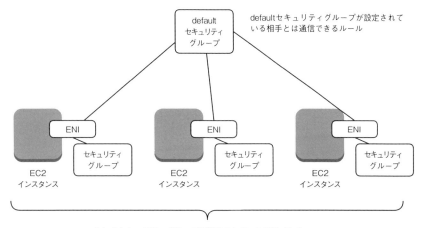

図 5-11　default セキュリティグループ

5-2-5　ステートフルなルール

　TCP/IP の通信では、クライアント側からサーバーに接続するとき、クライアントにも適当なポート番号が割り当てられます。これはランダムなポート番号で、**エフェメラルポート**と呼ばれます（図 5-12）。

　たとえば、クライアントがポート 22 番で接続しようとしているとき、クライアントにはポート 45678 番が割り当てられるという具合です（45678 はランダムな番号であり、その都度、異なります）。

　TCP/IP の通信は、双方向です。何かパケットを受け取ったら、その応答のパケットが戻ることで通信が成立します。つまり、図 5-12 の例だと以下の 2 つの通信が発生します。

121

CHAPTER 5 セキュリティグループとネットワーク ACL

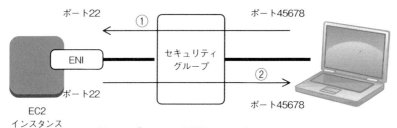

図 5-12 応答は自動で許可される

①インバウンド→ポート 22
②アウトバウンド→ポート 45678

　通常は、この①②の両方に対してセキュリティグループのルールを設定する必要があります。ポート 45678 はランダムな番号で、1024〜65535 の範囲で変動します（どの範囲で変動するのかは、クライアント OS に依存します）。そのため、実際にルールを設定するとすれば、以下の 2 つを通すための設定が必要です。

①インバウンド→ポート 22
②アウトバウンド→ポート 1024〜65535

　しかしセキュリティグループは、この通信のポート番号を追跡し、応答となるパケットは明示的に指定していなくても通る動作になっています。この動作を、**ステートフル**と言います。
　ステートフル動作であるため、セキュリティグループには①だけ設定すれば十分で、②の設定は必要ありません。デフォルトでは、セキュリティグループのアウトバウンドに何も設定されていませんが、これはステートフル動作のため、アウトバウンドに何も設定しなくても、その応答が自動的に通るからです。

5-3　ネットワーク ACL

　ネットワーク ACL は、サブネットに備わるパケットフィルタリング機能です。サブネットに対して 1 対多で設定します。セキュリティグループと違って、1 つのサブネットには 1 つのネットワーク ACL しか設定できません（図 5-13）。

　ネットワーク ACL にも、「インバウンド」と「アウトバウンド」の 2 つのルールがあり、これらのルールによって通信の可否を設定します。

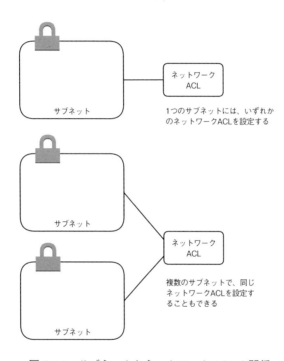

図 5-13　サブネットとネットワーク ACL の関係

5-3-1　サブネットに設定されているネットワーク ACL を確認する

　サブネットには、必ずネットワーク ACL が適用されます。ネットワーク ACL を明示的に設定しなかったときには、デフォルトのネットワーク ACL が使われます。

　サブネットに設定されているネットワーク ACL は、［VPC］メニューの［サブネット］の［ネットワーク ACL］タブで確認できます。図 5-14 で［編集］ボタンをクリックすると、他のネットワーク ACL に変更できます。

CHAPTER 5 セキュリティグループとネットワーク ACL

図 5-14 サブネットに設定されているネットワーク ACL を確認する

5-3-2 ネットワーク ACL を確認する

　VPC メニューの［ネットワーク ACL］には、そのサブネットに存在する、すべてのネットワーク ACL が一覧で表示されます（図 5-15）。ネットワーク ACL の設定を変更したり、新規に作成したりしたいときは、ここから操作します。VPC 領域当たり、最大、200 個のネットワーク ACL を作れます。

　ネットワーク ACL の設定は、セキュリティグループと同様、通信の向きによって「インバウンドルール（サブネットに入ってくる方向）」と「アウトバンドルール（サブネットから出て行く方向）」の 2 つがあります。

　デフォルトの構成では、どちらも「すべての通信を許可する」という構成です（図 5-16、図 5-17）。

● 5-3 ネットワーク ACL

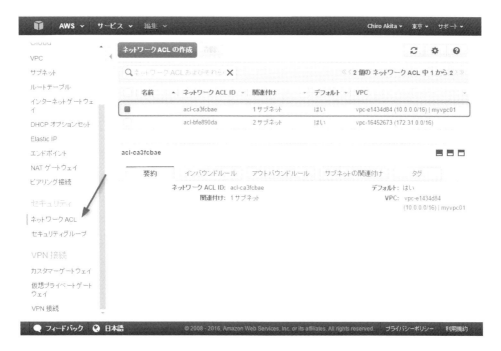

図 5-15　ネットワーク ACL 一覧

図 5-16　デフォルトのインバウンドルール

図 5-17　デフォルトのアウトバンドルール

5-3-3 ネットワーク ACL を編集する

図 5-16 や図 5-17 で［編集］ボタンをクリックすると、ルールを編集できます。それぞれのルールは、最大 20 個まで登録できます（図 5-18）。

図 5-18 ルールを編集しているところ

設定項目は、セキュリティグループとほとんど同じですが、いくつか異なる点があります。

①拒否するルールを設定できる
　許可だけでなく、拒否するルールも設定できます。

②ルールには順序番号があり、若い番号から順に適用される
　ルールには、番号が付けられます。若い番号から順に適用され、マッチしたところで処理が確定します。
　たとえば、ある拒否ルールがマッチしたら、そこで拒否が確定するので、その順序番号より大きな許可ルールがあっても、許可にはなりません。

③ステートレスである
　セキュリティグループと違って、ステートレスです。たとえば、ポート 22 番の SSH 通信のインバウンドを許可しようとする場合、クライアントは任意のポート（エフェメラルポート）が送信元になります。このポート番号は 1024〜65535 番まで、どのポートが使われるかわかりません（どのポート範囲かはクライアントの OS に依存します）。
　そのため、図 5-19 に示すように、ポート 22 番のインバウンドを許可するだけでなく、ポート 1024〜65535 までのアウトバウンドを設定しないと、応答パケットが通らず、通

信できないので注意してください。

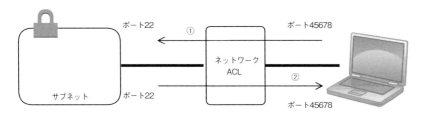

①だけでなく②のパケットも明示的にアウトバウンドルールとして追加していないと通信できない。
ポート45678の部分はランダムなので、1024〜65535のポート範囲で指定することになる。

図 5-19　応答パケットの通過ルールも明示的に指定しなければならない

④最後は必ず拒否するルールで終わる

　ルールの最後には、必ず以下のように、すべてを拒否するルールが指定されます。これを削除することはできません。そのため、通したいパケットは必ず「許可ルール」として明示しないと通りません。

ルール#	タイプ	プロトコル	ポート範囲	送信元	許可／拒否
*	すべてのトラフィック	すべて	すべて	0.0.0.0/0	拒否

5-3-4　ネットワーク ACL の変更を必要とする場面

　ネットワーク ACL は、サブネットに対しての設定であるため、そのサブネットにどのような構成の EC2 インスタンスを置いても、このネットワーク ACL でのパケットフィルタリングの設定が適用されるという利点があります。つまり、間違ったセキュリティ設定の EC2 インスタンスを配置したときも、ネットワーク ACL によって守れます。

　しかしネットワーク ACL は、図 5-19 に示したようにステートレスなので、TCP や UDP のポート単位で設定することを考えると、セキュリティグループでの設定に比べて難しくなります。

　こうした事情を考えると、ネットワーク ACL では、TCP や UDP のポート単位で指定するのではなく、「特定の IP アドレス範囲と通信できるかどうかを設定する」のに使うのが、適切な使い方でしょう。たとえば、社内からしかアクセスできないサブネットを

作るときに、そのサブネットに対して、「社内の IP アドレスからしか通信できないようにする」というネットワーク ACL を適用するのです。そうしておけば、そこに配置した EC2 インスタンスは、EC2 インスタンスのセキュリティグループの設定にかかわらず、それ以外の IP アドレスからは接続できなくなります。

5-4 HTTP／HTTPS 通信可能なセキュリティグループの設定

これまでの説明を踏まえて、実際にセキュリティグループを設定していきましょう。ここでは、いままで作成してきた mywebserver と名付けた EC2 インスタンスに Apache をインストールして Web サーバーにします（図 5-20）。

ここまでの構成では、mywebserver のセキュリティグループは「webserverSG」としてきました。そこでこのセキュリティグループを変更して、TCP のポート 80（http://）とポート 443（https://）が通るように構成します。ネットワーク ACL は、デフォルトですべての通信が通過する構成なので、変更しません。

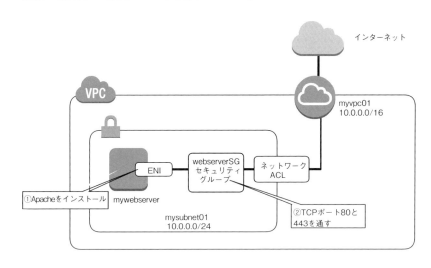

図 5-20　EC2 インスタンスを Web サーバーとして利用する

5-4-1　EC2インスタンスにApacheをインストールする

まずは、EC2インスタンスにApacheをインストールしましょう。「4-5　EC2インスタンスにSSHでログインする」で説明した方法で、SSHでログインしてください。

次のコマンドを入力すると、Apacheをインストールできます。

```
$ sudo yum install -y httpd    ←Apacheのインストール
```

起動するには、次のようにします。

```
$ sudo service httpd start     ←Apacheの起動
```

5-4-2　セキュリティグループを変更するには

この時点でApacheが起動しているので、Webブラウザから、以下のURLにアクセスすると、

http://EC2インスタンスのパブリックIPアドレス/

Apacheの初期画面（後述の図5-28）が表示されるとよいのですが、残念ながら、ここまで構成してきた設定では、Webアクセスで使うポート80番（http://）やポート443番（https://）の通信を許可していないので、アクセスできません。アクセスできるようにするには、セキュリティグループの設定を変更する必要があります。

ここまでの本書の構成では、EC2インスタンス名は「mywebserver」としてあり、このセキュリティグループは「webserverSG」という名前です。そしてwebserverSGは、ポート22番だけを通すように構成しています（図5-21）。

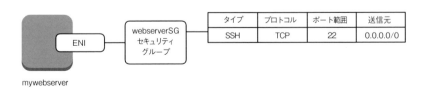

図5-21　現在のEC2インスタンスのセキュリティグループ構成

この構成を変更して、ポート80番やポート443番で通信できるようにするには、主

CHAPTER 5 セキュリティグループとネットワーク ACL

に、2 つの方法があります。

①既存のセキュリティグループを変更する

　既存の webserverSG の設定を変更し、ポート 80 番やポート 443 番で通信できるようにします。最も簡単な方法です（図 5-22）。

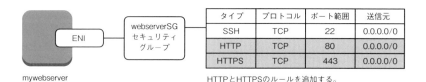

図 5-22　既存のセキュリティグループを変更する

②ポート 80 番やポート 443 番で通信できるようにした別のセキュリティグループを追加設定する

　ポート 80 番やポート 443 番で通信できるようにした別のセキュリティグループを作り、それを追加設定します（図 5-23）。

　この場合、EC2 インスタンスに対して 2 つのセキュリティグループを設定することになります。

　ほかにも Web サーバーがあるときには、ここで作ったポート 80 番、ポート 443 番を通過するようにしたセキュリティグループを追加設定すれば、同じ方法で通信可能にできるというメリットがあります。

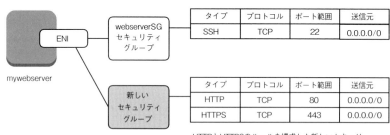

図 5-23　セキュリティグループを追加設定する

　どちらの方法を採ってもかまいませんが、話を簡単にするため、ここでは、①の方法で、設定を変更していきます。

5-4-3 ポート80番／443番を通す

では実際にセキュリティグループを変更して、ポート80番、ポート443番を通すようにしていきましょう。

◎ 操作手順 ◎　セキュリティグループを変更する

[1] インバウンドを編集する

- ［EC2］メニューの［セキュリティグループ］を開き、セキュリティグループ一覧を表示します（図5-24）。
- ［インバウンド］タブをクリックして、［編集］ボタンをクリックします。

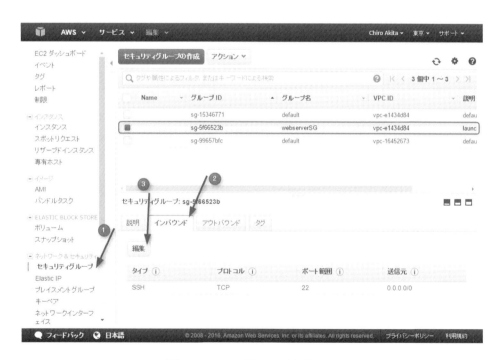

図5-24　インバウンドを編集する

CHAPTER 5 セキュリティグループとネットワーク ACL

[2] ルールを追加する

●編集画面が表示されるので、[ルールの追加] をクリックします（図 5-25）。

図 5-25　ルールを追加する

[3] ポート 80 を追加する

● [タイプ] で「HTTP」を選択します。すると、プロトコルが「TCP」、ポートが「80」に設定されます。
● さらに [ルールの追加] をクリックします（図 5-26）。

図 5-26　ポート 80 を追加する

[4] ポート 443 を追加する

● [タイプ] で「HTTPS」を選択します。すると、プロトコルが「TCP」、ポートが「443」に設定されます。

●5-4 HTTP／HTTPS 通信可能なセキュリティグループの設定

● ［保存］ボタンをクリックして保存します（図 5-27）。

図 5-27　ポート 443 を追加する

以上でセキュリティグループの設定が完了しました。

ブラウザで以下の URL に接続すると、Apache の初期画面が表示されるはずです（図 5-28）。

http://EC2 インスタンスのパブリック IP アドレス/

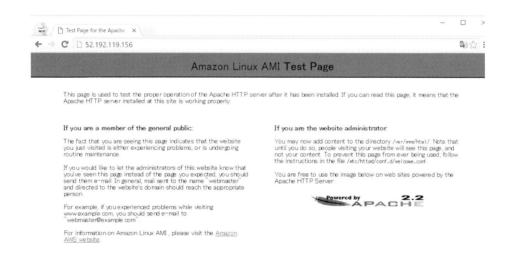

図 5-28　Apache の初期画面

CHAPTER 5 セキュリティグループとネットワーク ACL

5-5　まとめ

　この CHAPTER では、セキュリティグループとネットワーク ACL について説明しました。

①セキュリティグループ

- ●ENI 単位で設定するパケットフィルタリング機能。1 つの ENI に複数設定できる。ステートフルであり、応答パケットは自動的に通る。
- ●デフォルトの構成では、SSH が通過可能であるセキュリティグループが設定される。
- ●EC2 インスタンスの用途に応じて、それ以外のプロトコルが通るように構成をカスタマイズして運用する（たとえば、Web サーバーならポート 80、ポート 443 など）。

②ネットワーク ACL

- ●サブネット単位で設定するパケットフィルタリング機能。1 つのサブネットに 1 つだけ設定できる。ステートレスであり、応答パケットは自動的に通らない。
- ●デフォルトでは、サブネットに対して、すべての通信が通るように構成されたネットワーク ACL が設定されている。
- ●接続先や接続元の IP アドレスを制限したい場合など、サブネットに対するアクセス権を設定したいときは、ネットワーク ACL を調整する。

　次の CHAPTER では、データベースサーバーを運用する場合などに必要となる、「インターネットから直接接続できないようにした守られたネットワークを構築する方法」を説明します。

Column　Apache の起動・停止・再起動、そして、自動起動

　Apache を起動・停止・再起動するには、本文中にもあるように、service コマンドを使います。

●起動

$ sudo service httpd start

●停止

$ sudo service httpd stop

●再起動

$ sudo service httpd restart

　また EC2 インスタンスを再起動したときに、自動的に Apache も起動するようにするには、chkconfig コマンドを使います。次のようにすると、自動起動するようにできます。

●自動起動有効

$ chkconfig httpd on

●自動起動を解除

$ chkconfig httpd off

　また、--list オプションを指定すると、自動起動設定されているサービス一覧を確認できます。

●サービス一覧

$ chkconfig --list

CHAPTER 6
プライベートな
ネットワークの運用

　バックエンドにデータベースを抱えるような Web サイトでは、セキュリティ上の理由から、インターネットから直接アクセスできないサブネットにデータベースサーバーを設置するのはよくある実装方法です。AWS の場合も、プライベートサブネットに EC2 インスタンスを設置できます。ただし AWS の場合、こうした運用で問題となることがあります。その 1 つが、保守の際に、その EC2 インスタンスにアクセスする手段です。プライベート IP アドレスのみでは、リモートから SSH でアクセスできないからです。

　もう 1 つの問題は、プライベート IP アドレスのみしか付与されていないインスタンスでは、EC2 インスタンス側からインターネットにアクセスできません。そのため、OS やソフトウェアのインストールも困難だという点です。

　どちらの問題も少し考えれば答えは得られますが、初心者がつまずきやすい点なので、この CHAPTER では、プライベート IP アドレスのみで EC2 インスタンスを利用するための手段について解説します。

CHAPTER 6 プライベートなネットワークの運用

6-1　プライベートIPでEC2インスタンスを運用する

これまで見てきたとおり、EC2インスタンスにパブリックIPアドレスを割り当てない限り、SSHではインスタンスにログインできません。しかし、セキュリティ上の理由などから、パブリックIPアドレスを割り当てず、プライベートIPアドレスだけでEC2インスタンスを運用したいこともあります。このような場合に、どのようにしてインスタンスの設定や保守を行うかについて解説します。

6-1-1　パブリックなサブネットの配下にプライベートなサブネットを配置する

プライベートIPアドレスでサブネットを運用したいケースは、いくつか考えられます。その1つが、パブリックなサブネットの下にプライベートなサブネットを配置するケースです（図6-1）。たとえば、データベースサーバーを用いるWebシステムでは、WebサーバーをパブリックなIPアドレスで運用し、その下に、プライベートなIPアドレスでデータベースサーバーを配置します。このようにすることで、インターネットからデータベースサーバーにアクセスできないため、セキュリティの向上が図れます。

6-1-2　プライベートなサブネットに入り込む方法

上で述べたような構成のネットワークでは、プライベートなサブネットに配置したEC2インスタンスの保守が問題となります。

EC2インスタンスに対して何か作業するには、SSHなどを使ってリモートから接続する必要があります。しかし、プライベートなIPアドレスしか割り当てられていないインスタンスには、インターネットから到達できないため、直接インスタンスをリモートから操作できません。ではどうするかというと、こうした場合の対応には、以下に示す2つの方法があります。

①踏み台サーバーを使う

1つめの方法は、パブリックIPアドレスを持っているEC2インスタンスにいったんSSHでログインし、そのEC2インスタンスを経由して、さらにプライベートなIPアド

● 6-1 プライベート IP で EC2 インスタンスを運用する

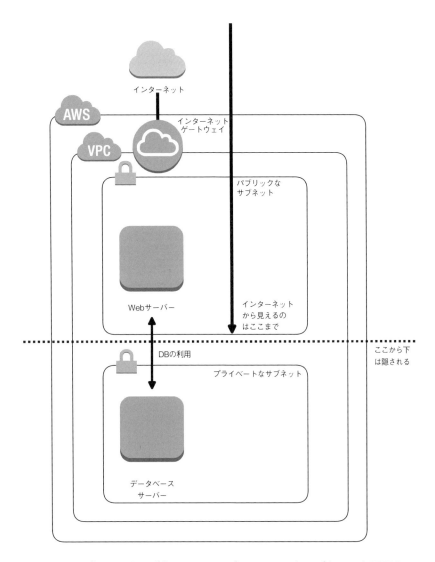

図 6-1　パブリックなサブネットの下にプライベートなサブネットを配置する

レスを割り当てたインスタンスに入り込む方法です（図6-2）。
　このように、別のサーバーに入り込むためにログインするインスタンス（サーバー）のことを「踏み台サーバー」と呼びます。

②VPN を構成する

CHAPTER 6 プライベートなネットワークの運用

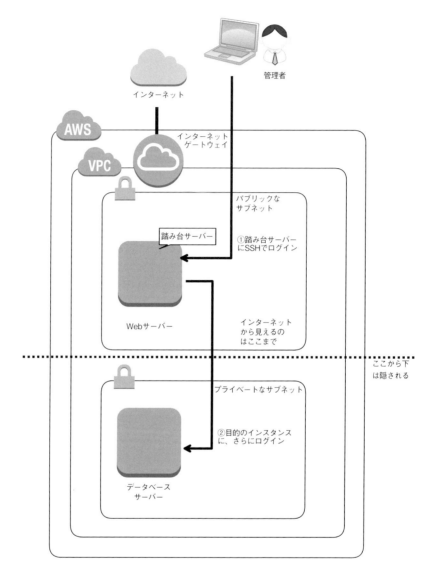

図6-2　踏み台サーバーを経由してアクセスする

　もう1つの方法は、プライベートなサブネットに、仮想プライベートゲートウェイ（VPN Gateway）を設置し、VPNで接続するというものです（図6-3）。この方法を使うと、社内LANとAWSのサブネットとを直結できます。
　しかし、②の方法は社内システム全体をAWSに移行したいという場合には適していますが、社内LAN側にVPN対応ルーターを配置するなどの手間がかかり、今回のよう

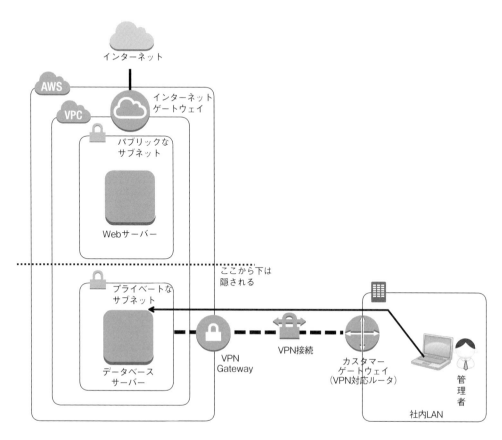

図 6-3　プライベートなサブネットに VPN 接続する

に、単純に EC2 インスタンスを SSH で保守したいという場合には不向きです。そのため、ここでは、①のように踏み台サーバーを経由してアクセスする方法を説明します。

6-2　NAT ゲートウェイ

　踏み台サーバーを利用すれば、パブリック IP アドレスを持たないインスタンスに SSH でログインできますが、プライベート IP しか持たないインスタンスは、インターネットと接続できないことに変わりありません。最近では、OS のアップデートやソフトウェアのインストールをインターネットから行うため、EC2 インスタンスがインターネットと接続可能でないと、そうした操作ができない可能性があります。

　そこで導入を検討したいのが、**NAT** ゲートウェイです。NAT（Network Address Trans

lation）ゲートウェイは、パケットのIPアドレスを変換して、「プライベートIPアドレス→インターネット」に向けた接続を実現する装置です。逆に、「インターネット→プライベートIPアドレス」の方向の通信は許さないので、インターネット側からは接続させたくないという目的を満たせます（図6-4）。

NATゲートウェイは、パブリックなサブネットに配置します。そして、プライベートなサブネットのデフォルトゲートウェイを、NATゲートウェイにするように、ルートテーブルを編集します。そうすることで、プライベートなサブネットからの通信がNATゲートウェイを通って、インターネットに出て行けるようになります。

 Column　　NATインスタンス

NATゲートウェイと似た機能を提供するものに、NATインスタンスがあります。NATインスタンスは、EC2上で動作する、ソフトウェアNATです。NATインスタンス用のAMIが提供されているので、それを選んでEC2インスタンスを起動すると、それがNATインスタンスとなります。

NATゲートウェイが提供される前は、NATインスタンスを使って、この節で説明した内容を実現していました。しかし所詮ソフトウェアNATなので、性能はNATゲートウェイに及ばず、いまでは、あえてNATインスタンスを使う利点はありません。

強いて言えば、NATインスタンスはEC2インスタンスなので、SSHでログインしてカスタマイズできるという点です。1台でNATとそれ以外のサービスとを兼用したいときで、かつ、パフォーマンスが重要ではないときは、NATインスタンスの利用を検討してもよいでしょう。

6-3　プライベートIPで運用するサーバーを構築する

実際に、プライベートIPで運用するサーバーの例を見ていきます。ここでは、これまで作成してきたWebサーバー「mywebserver」にWordPressをインストールして、ブログサービスを構築します。

WordPressのブログデータを格納するには、データベースが必要です。データベースはWebサーバーと同じインスタンスにもインストールできますが、ここではあえて、別のインスタンスにデータベースサーバーを構築することにします。データベースサーバーは、インターネットから直接接続する必要がないので、プライベートなサブネットに配

● 6-3 プライベートIPで運用するサーバーを構築する

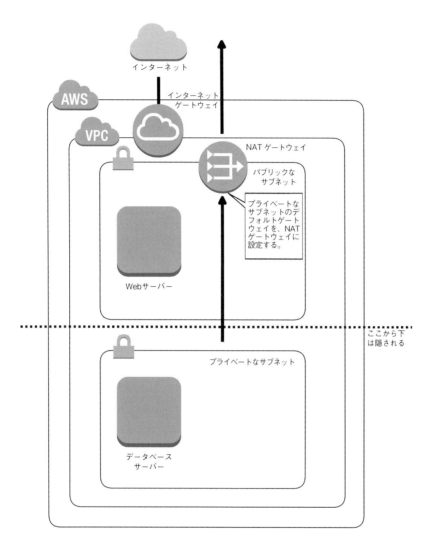

図6-4　NATゲートウェイ

置します。

　以下、作成していくネットワークの構成図を示すと、図6-5のようになります。

　具体的な手順は、次のようになります。

①サブネットの作成

CHAPTER 6 プライベートなネットワークの運用

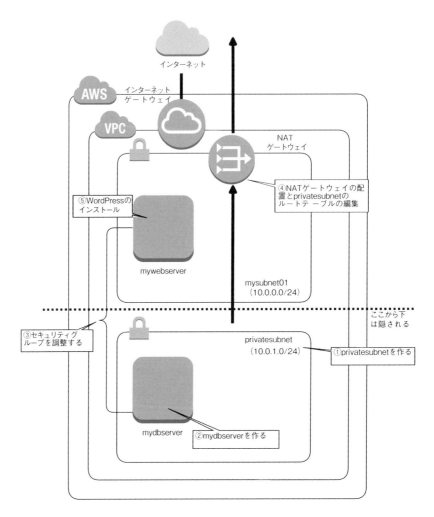

図 6-5　プライベート IP で運用する EC2 インスタンスの例

プライベートサブネットを作ります。ここでは「privatesubnet」という名前で「10.0.1.0/24」として作成します。

②EC2 インスタンスの設置

　データベース用の EC2 インスタンスを作成します。この名称は「mydbserver」とします。
　Web サーバーから接続するときには、固定 IP アドレスのほうが都合がよいので、適当な IP アドレスに固定します。ここでは、IP アドレスとして「10.0.1.10」を指定すること

にします。

③セキュリティグループの設定変更

②で作成する EC2 インスタンス（mydbserver）や、Web サーバー（mywebserver）のセキュリティグループの設定を変更し、互いにすべての通信ができるようにします。

④NAT ゲートウェイの構築

このままでは、②の mydbserver にデータベースサーバーのパッケージをインストールしようとするときに、インターネットからダウンロードできないので、NAT ゲートウェイを構成します。

NAT ゲートウェイは、パブリックなサブネットとなる mysubnet01 に配置し、privatesubnet のルートテーブルを編集することで、デフォルトゲートウェイを配置した NAT ゲートウェイにします。

⑤WordPress の設定変更

以上で、ネットワーク的な構築は終わりです。WordPress をインストールして利用できるようにします。

　　　　Column　　Amazon RDS を使う

　本書では、データベースサーバーとして、EC2 インスタンスに MySQL をインストールしたものを利用しています。
　しかし実際に Amazon で運用する場合には、「Amazon RDS」と呼ばれる、マネジドなデータベースサービスを使うことがほとんどです。
　Amazon RDS は、MySQL、MariaDB、Amazon Aurora（MySQL 互換の高速データベース）、PostgreSQL、SQL Server、Oracle データベースをサポートしています。
　Amazon RDS を使うと、保守やメンテナンス、レプリケーション、バックアップなどの操作を AWS 側に任せることができ、EC2 インスタンスでデータベースサーバーを運用するよりも、はるかに安定した運用を実現できます。
　AWS 上でデータベースを扱いたいときには、EC2 インスタンスを使うのではなく、これらのサービスを利用することを検討すべきです。

6-3-1 プライベートなサブネットを作る

それでは、実際に WordPress のブログサーバーを作っていきましょう。

まずは、プライベートなサブネットを作ります。「10.0.1.0/24」で、「privatesubnet」という名前にします。

◎ 操作手順 ◎ プライベートなサブネットを作る

[1] サブネットを作成する

●AWS マネジメントコンソールの [VPC] メニューの [サブネット] から、[サブネットの作成] をクリックして、サブネットを新規作成します (図6-6)。

図6-6 サブネットを新規作成する

[2] ネームタグ、VPC、アベイラビリティゾーン、CIDR ブロックを決める

● このサブネットに付ける名前を「ネームタグ」として設定します。ここでは、「privatesubnet」とします（図 6-7）。

図 6-7　サブネットの設定

● 「VPC」は、対象とする VPC 領域です。ここでは、CHAPTER 2 で作成した「myvpc01」を選択します。
● 「アベイラビリティゾーン」には、配置したいアベイラビリティゾーンを指定します。本書では、冗長構成や障害対策を考えないので、どこを選んでもかまいませんが、図 6-5 のように Web サーバーから接続するデータベースサーバーとして使うのであれば、通信速度や費用の点を考慮して、「Web サーバーを置いたサブネット（mysubnet01）と同じリージョン」を選ぶとよいでしょう。ここでは、「ap-northeast-1a」を選択することにします。
● CIDR ブロックでは、割り当てるネットワークアドレスを指定します。ここでは「10.0.1.0/24」を指定します。
● 右下の［作成］ボタンをクリックすると、サブネットが作られます。

6-3-2　EC2 インスタンスを設置する

次に、この privatesubnet 上に、データベースサーバーとして使う EC2 インスタンスを作成します。インスタンス名は、「mydbserver」とします。

操作手順は、「3-2　EC2 インスタンスを設置する」とほぼ同じ手順ですが、次の点が異なります。

CHAPTER 6 プライベートなネットワークの運用

①配置先のサブネット

配置先のサブネットは、「privatesubnet」にします。

②IPアドレス

Webサーバーであるmywebserverから、このデータベースサーバーに接続するときに、動的なIPアドレスだと「接続先のデータベースサーバー」として指定する際に不便なので、固定IPアドレスを割り当てることにします。どのようなIPアドレスでもかまいませんが、ここでは「10.0.1.10」とします。

③セキュリティグループ

Webサーバーであるmywebserverと、互いにすべての通信ができるように、セキュリティグループを構成します。いくつかの方法がありますが、ここでは、デフォルトで用意されているdefaultセキュリティグループを適用します。

すでに説明したように、defaultセキュリティグループは、「defaultセキュリティグループ同士はすべて通信できる」ように構成されています。

そこで、以下の（a）（b）のように、mydbserverにもmywebserverにもdefaultセキュリティグループを設定することで、互いにすべての通信ができるようにします。

（a）このmydbserverに対してdefaultセキュリティグループを設定する。

（b）後続の手順でmywebserverに対してもdefaultセキュリティグループを追加で設定する。

◎ 操作手順 ◎　データベース用のEC2インスタンスを作る

[1] EC2インスタンスを作成する

●AWSマネジメントコンソールの［EC2］メニューから［インスタンス］を選択します（図6-8）。
●［インスタンスの作成］ボタンをクリックすることで、EC2インスタンスの作成を始めます。

● 6-3 プライベート IP で運用するサーバーを構築する

図 6-8　EC2 インスタンスを作り始める

[2] AMI を選択する

●起動する AMI を選択します。ここでは、「Amazon Linux AMI」を選択します（図 6-9）。

図 6-9　Amazon Linux AMI を選択する

CHAPTER 6 プライベートなネットワークの運用

[3] インスタンスタイプを選ぶ

- インスタンスタイプを選びます。ここでは、「t2.micro」を選択することにします（図6-10）。
- 選択したら、[次の手順：インスタンスの詳細の設定] を選択してください。

図 6-10　インスタンスタイプを選択する

[4] インスタンスの配置先などを選択する

インスタンスの詳細を設定します。次のように構成します。

①配置先のサブネット

- [ネットワーク] の部分で、配置先の VPC 領域を選択します。そして [サブネット] の部分で、その VPC に含まれるサブネットを選択します（図 6-11）。
- ここでは、いま作成したプライベートサブネットの「privatesubnet」を選びます。

● 6-3 プライベートIPで運用するサーバーを構築する

図6-11　配置先のサブネットを指定する

②プライベートIPアドレスとして固定IPにする

このEC2インスタンスには、固定IPアドレスを割り当てることにします。

● 固定IPアドレスにするには、[ネットワークインターフェイス] のところで、割り当てるIPアドレスを指定します。ここでは「10.0.1.10」を割り当てます（図6-12）。
● 設定したら、[次の手順：ストレージの追加] をクリックします。

[5] ストレージの設定

● ストレージとして、どのようなEBSを割り当てるのかを指定します。デフォルトのまま、[次の手順：インスタンスのタグ付け] に進むことにします（図6-13）。

CHAPTER 6 プライベートなネットワークの運用

図6-12　固定IPアドレスを設定する

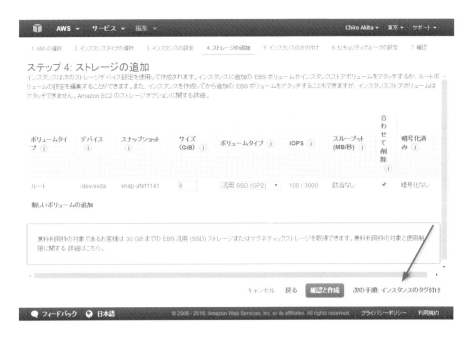

図6-13　ストレージの設定

● 6-3 プライベート IP で運用するサーバーを構築する

[6] インスタンスのタグ付け

● インスタンス名として、「mydbserver」と名付け、[次の手順：セキュリティグループの設定]に進みます（図 6-14）。

図 6-14　mydbserver と名付ける

[7] セキュリティグループの設定

● セキュリティグループを設定します。「既存のセキュリティグループを選択する」をクリックし、ここでは default セキュリティグループを指定し、[確認と作成]をクリックします（図 6-15）。

[8] 確認画面

● 確認画面が表示されます。[作成]をクリックしてください（図 6-16）。

CHAPTER 6 プライベートなネットワークの運用

図 6-15　default セキュリティグループを指定する

図 6-16　確認画面

[9] キーペアの作成

● 6-3 プライベート IP で運用するサーバーを構築する

- ●SSH で暗号化通信するときに用いるキーペアを作成します。新しく作成することもできますが、ここでは、mywebserver と同じキーペアを使うことにします（図6-17）。
- ●［インスタンスの作成］ボタンをクリックすると、インスタンスが起動します。

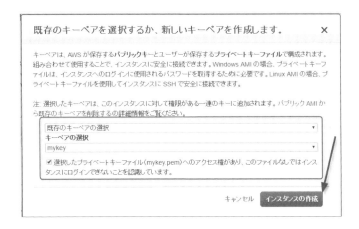

図 6-17　既存のキーペアを使う

　Column　default セキュリティグループと SSH

　default セキュリティグループは、「default セキュリティグループが設定された EC2 インスタンス同士で、互いに通信できる」という構成で、それ以外とは、一切通信できません。「それ以外」とは、SSH も含みます。
　つまり default セキュリティグループを設定した場合、default セキュリティグループを設定した EC2 インスタンス以外には、SSH 接続もできません。
　後続の操作で、mywebserver を default セキュリティグループに属するように設定します（後掲の図 6-19）。そうすることで、mywebserver から、この mydbserver に対して SSH も含めたすべての通信が可能となります。この設定をしなければ、SSH でのログインはできないので注意してください。

6-3-3　Web サーバーのセキュリティグループを変更する

　次に、Web サーバーとなる mywebserver と、いま作成したデータベースサーバー mydbserver とが通信できるようにセキュリティグループを変更します。

CHAPTER 6 プライベートなネットワークの運用

ここまでの手順では、mydbserver に default セキュリティグループを設定しました。そこで、mywebserver も default セキュリティグループに属させることで、互いに通信できるようにします。

◎ 操作手順 ◎　default セキュリティグループを追加で設定する

[1] EC2 インスタンスのセキュリティグループの設定を開く

●mywebserver の EC2 インスタンスを右クリックし、[ネットワーキング] → [セキュリティグループの変更] を選択します（図 6-18）。

図 6-18　セキュリティグループの設定を開く

[2] セキュリティグループを追加する

●セキュリティグループの設定画面が開いたら、default セキュリティグループにチェッ

●6-3 プライベートIPで運用するサーバーを構築する

クを付け、[セキュリティグループの割り当て] ボタンをクリックします (図6-19)。

図6-19　セキュリティグループを追加する

157

6-3-4 Webサーバーを踏み台にしてアクセスしてみる

この時点で、mywebserverとmydbserverは通信可能なので、mywebserverにいったんログインしてmydbserverにアクセスすると、SSHでログインすることができます。ただし、これを実現するには、mywebserverに、mydbserverにログインするためのキーペアファイルを置いておく必要があります（図6-20）。

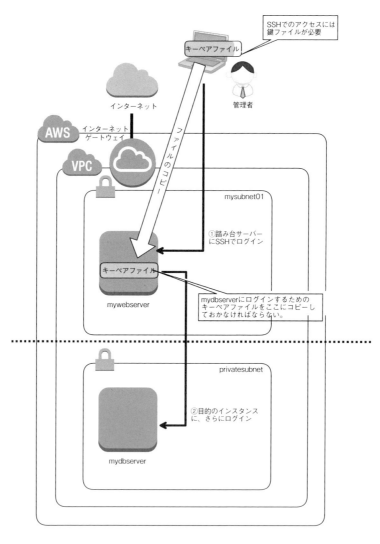

図6-20 mywebserverにキーペアファイルをコピーする

● 6-3 プライベート IP で運用するサーバーを構築する

■踏み台サーバーにキーペアファイルをコピーする

Linux の場合、自分のホームディレクトリの ~/.ssh ディレクトリにキーペアファイルを配置するのが慣例です。たとえば、Windows クライアントから Tera Term を使ってキーペアファイルをコピーする場合は、次のようにします。

◎ 操作手順 ◎　Windows で Tera Term を使っている場合

[1] mywebserver にログインする

● mywebserver に Tera Term でログインします。

[2] ファイルをコピーする

● Tera Term には、ファイルをコピーする SCP 機能が内蔵されています。ここでは、その機能を使ってサーバーにファイルをコピーします。
● ［ファイル］メニューから［SSH SCP］を選択します（図 6-21）。

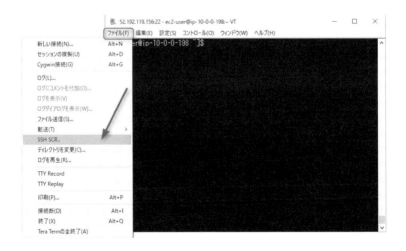

図 6-21　SSH SCP を選択する

[3] ホームディレクトリの~/.ssh にキーペアファイルをコピーする

● AWS のログインに使うキーペアファイル（*.pem）を、サーバーにコピーします。コピー先は「~/.ssh」とします。ここでは、mykey.pem というファイルを転送します（図 6-22）。

図 6-22 キーペアファイルをコピーする

[4] パーミッションを変更する

● キーペアファイルは、自分以外のユーザーにアクセス権があると操作に失敗します。そこで、たとえば mykey.pem というファイルを~/.ssh ディレクトリに置いた場合、以下のように入力して、パーミッションを変更してください。

```
$ chmod 600 ~/.ssh/mykey.pem     ←パーミッションの変更
```

  Column　WinSCP や FileZilla などのソフトを使う

　ここでは話を簡単にするため、Tera Term に付属の SCP 機能を使ってキーペアファイルをコピーしていますが、より簡単にファイルコピーしたいなら、WinSCP（https://winscp.net/）や FileZilla（https://filezilla-project.org/）などの、ドラッグ＆ドロップ操作でファイルコピーできるツールを利用する方法もあります。

● 6-3 プライベートIPで運用するサーバーを構築する

■ MacOS の場合

MacOS の場合は、ターミナルから scp コマンドを使うことでキーペアファイルをコピーできます。仮に、mywebserver のパブリック IP アドレスが「52.192.119.156」であるとすると、scp コマンドで以下のように実行することで、Mac のカレントディレクトリに置いた mykey.pem を~/.ssh ディレクトリにコピーできます。

```
$ scp -i mykey.pem mykey.pem ec2-user@52.192.119.156:~/.ssh/
```

Windows の場合と同様に、キーペアファイルをコピー後に、SSH で mywebserver にログインして、以下のようにパーミッションを変更する必要があります。

```
$ chmod 600 ~/.ssh/mykey.pem   ←パーミッションの変更
```

■踏み台からプライベートIPを持つサーバーにログインする

これまでの操作でログインする準備が整いました。ここまでの手順で mydbserver には、「10.0.1.10」という固定の IP アドレスを割り当てました。そのため、キーペアファイルが~/.ssh/mykey.pem であるなら、mywebserver 上から次のように入力することで、mydbserver に接続できるはずです。

```
$ ssh ec2-user@10.0.1.10 -i ~/.ssh/mykey.pem   mydbserver に接続
```

初回に限り、次のように尋ねられるので、ここでは［yes］と入力してください。

```
The authenticity of host '10.0.1.10 (10.0.1.10)' can't be established.
ECDSA key fingerprint is            ……省略……
Are you sure you want to continue connecting (yes/no)?yes Enter
```

すると、mydbserver にログインできます（図6-23）。

どちらのインスタンスにログインしているのかわかりにくいのですが、Amazon Linux の場合、コマンドプロンプトにインスタンスの IP アドレスが表示されています。

```
[ec2-user@ip-10-0-1-10 ~]$   ←プロンプトにIPアドレスが表示される
```

上のように「ip-10-0-1-10」であれば、「10.0.1.10」の IP アドレスのサーバー（つまり、mydbserver）を操作していることがわかります。ログイン先である mydbserver 上での操

CHAPTER 6 プライベートなネットワークの運用

図 6-23　mydbserver にログインしたところ

作をやめて、もとの mywebserver での操作に戻るには、exit と入力してログアウトします。

```
[ec2-user@ip-10-0-1-10 ~]$ exit
```

6-3-5　NAT ゲートウェイを構成する

さて、これから mydbserver にデータベースソフトをインストールしていきたいと思います。具体的には、MySQL をインストールするのですが、この状態で、MySQL をインストールするためのコマンドとして、以下のように yum コマンドを実行しても、この mydbserver インスタンスはインターネットに接続できないので、インストールできません。

```
$ sudo yum install -y mysql-server  ←今は実行できない
```

そこで、この mydbserver をインターネットに接続できるようにするため、NAT ゲートウェイを構成します。図 6-5 に示したように、NAT ゲートウェイはパブリックなサブネット（本書の場合は、mysubnet01）に配置します。

● 6-3 プライベート IP で運用するサーバーを構築する

◎ 操作手順 ◎　NAT ゲートウェイを構成する

[1] NAT ゲートウェイの作成を始める

●AWS マネジメントコンソールの［VPC］メニューから［NAT ゲートウェイ］を選択します。［NAT ゲートウェイの作成］をクリックして、NAT ゲートウェイの作成を開始します（図 6-24）。

図 6-24　NAT ゲートウェイの作成を始める

[2] サブネットと Elastic IP を割り当てる

NAT ゲートウェイには、サブネットと Elastic IP アドレスを割り当てます。Elastic IP アドレスとは、「静的な固定のパブリック IP アドレス」のことです（詳細は CHAPTER 7 で説明します）。

CHAPTER 6 プライベートなネットワークの運用

- まず［サブネット］の部分で、パブリックサブネットであるmysubnet01を選択します（図6-25（1））。
- 次に［新しいEIPの作成］ボタンをクリックして、新しいElastic IPアドレスを取得します。設定したら［NATゲートウェイの作成］をクリックします（図6-25（2））。すると、NATゲートウェイが作成されます。

図6-25（1）　サブネットとElastic IPの割り当て(1)

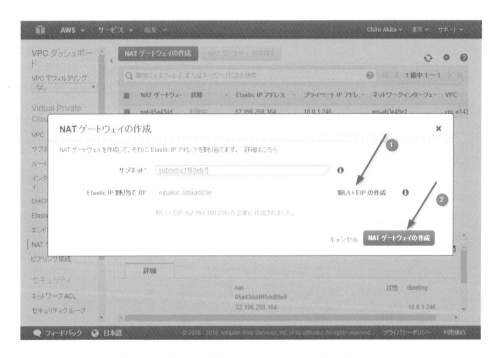

図6-25（2）　サブネットとElastic IPの割り当て(2)

● 6-3 プライベート IP で運用するサーバーを構築する

[3] ルートテーブルの編集を始める

- ［NAT ゲートウェイの作成］画面に表示される説明文のとおり、NAT ゲートウェイを使うには、ルートテーブルの編集が必要です。
- ［ルートテーブルの編集］をクリックしてください（図 6-26）。
（この画面を閉じてしまったときは、VPC メニューの［ルートテーブル］メニューをクリックしても、同じ画面に移動します）。

図 6-26　ルートテーブルの編集を始める

[4] ルートテーブルを新規作成する

- ここでは、privatesubnet で使うルートテーブルを新規に作成するので、［ルートテーブルの作成］をクリックします（図 6-27）。

CHAPTER 6 プライベートなネットワークの運用

図6-27 ルートテーブルを作り始める

[5] VPC領域を選び名前を付ける

●VPC領域を選びます。ここでは「myvpc01」を選びます。そしてネームタグに適当な名前を付けます。ここでは、「nattable」と名付けることにします（図6-28）。

図6-28 ルートテーブルを作成する

[6] ルートを編集する

●作ったnattableを選択状態にし、［ルート］タブをクリックして［編集］ボタンをクリックして、ルートを編集します（図6-29）。

● 6-3 プライベート IP で運用するサーバーを構築する

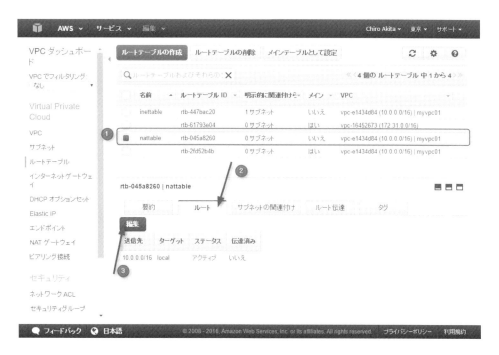

図 6-29　ルートを編集する

[7] ルートを追加する

●ルートを追加するため、[別ルートの追加] ボタンをクリックします（図 6-30）。

図 6-30　ルートを追加する

167

CHAPTER 6 プライベートなネットワークの運用

[8] デフォルトゲートウェイを NAT ゲートウェイに設定する

- 「0.0.0.0/0」（デフォルトゲートウェイ）を、NAT ゲートウェイに設定するルートを追加します。NAT ゲートウェイは「nat-XXXXXX」という名称です（図 6-31）。
- 追加したら［保存］をクリックして、保存します。これでルートテーブルの編集は完了です。

図 6-31　NAT ゲートウェイをデフォルトゲートウェイとして構成する

[9] プライベートサブネットのルートテーブルを変更する

- ［サブネット］をクリックして、サブネット一覧を表示します（図 6-32）。
- ここで［privatesubnet］を選択し、［ルートテーブル］の［編集］ボタンをクリックします。
- そして手順［8］までで作成しておいた nattable に変更し、［保存］ボタンをクリックします（図 6-33）。

以上でネットワークの構築は終わりです。

168

● 6-3 プライベート IP で運用するサーバーを構築する

図 6-32　ルートテーブルを編集する

図 6-33　nattable に変更する

6-3-6　WordPress をインストールする

プライベートネットワークの構築が終了したので、mywebserver や mydbserver に必要なソフトをインストールして、WordPress を稼働させます。

169

CHAPTER 6　プライベートなネットワークの運用

■ mydbserver をデータベースサーバーとして構成する

まずは、mydbserver がデータベースサーバーとして動くように設定します。先に説明したように、mywebserver を踏み台にして mydbserver に SSH でログインしてください。その状態で、以下の操作を行います。

ここではデータベースソフトウェアとして MySQL を使います。MySQL をインストールして、WordPress から利用できるようにするには、次の操作手順に従ってください。

◎ 操作手順 ◎　MySQL を構築して WordPress で利用できるようにする

[1] MySQL をインストールする

●次のコマンドを入力して、mysql をインストールします。

```
$ sudo yum install -y mysql-server  ←MySQLのインストール
```

このコマンドは、必要なパッケージをダウンロードするので、インターネットへの接続が不可欠ですが、すでに NAT ゲートウェイを構成しているので、正しくダウンロードできます。

[2] MySQL サーバーを起動する

●MySQL サーバーを起動します。次のように入力します。

```
$ sudo service mysqld start  ←MySQL サーバーの起動
```

[3] root ユーザーで MySQL を操作する

●root ユーザーで MySQL を操作するため、mysql コマンドを入力します。初期パスワードは空なので、パスワードが求められたら、そのまま Enter キーを押してください。

170

● 6-3 プライベート IP で運用するサーバーを構築する

```
$ mysql -u root -p    ← MySQL を root ユーザーで起動する
```

[4] WordPress で利用するユーザーを作る

● root ユーザーで MySQL に接続すると、MySQL のコマンドプロンプトが表示されて、データベースを操作できるようになります。

```
mysql >
```

● まずは、WordPress で利用するユーザーを作ります。このときパスワードも設定します。たとえば、「ユーザー名が wordpress」「パスワードが mypassword」であるときは、次のようにします（mypassword は、あくまでも例です。実際には、もっと複雑なパスワードを設定してください）。

```
mysql > create user 'wordpress' IDENTIFIED BY 'mypassword';
```

[5] データベースを作成する

WordPress で利用するデータベースを作成し、[4] のユーザーに全権限を与えます。

● ここでは「wordpressdb」という名前のデータベースを作ります。

```
mysql > create database wordpressdb;
```

● 全権限を与えます。

```
mysql > grant all privileges on wordpressdb.* to 'wordpress';
```

171

●設定を有効にするためフラッシュします。

```
mysql > FLUSH PRIVILEGES;
```

●操作を終了します。

```
mysql > exit
```

 Column　root ユーザーにパスワードを設定する

MySQL の root ユーザーのパスワードを変更するには、MySQL サーバーに root ユーザーで接続したあと、以下のように入力してください。

```
mysql > update mysql.user set password=password('新しいパスワード')\
  where user = 'root';
mysql > flush privileges;
```

[6] データベースが自動起動するようにする

●この EC2 インスタンスが起動したときに、MySQL も自動的に起動するようにするため、以下のように chkconfig コマンドを実行しておいてください。

```
$ sudo chkconfig mysqld on    ←MySQL をインスタンス起動時に自動起動させる
```

■ WordPress を構築する

次に、Web サーバー（mywebserver）に WordPress を構築します。mydbserver からログオフし、今度は、mywebserver 上で操作してください。

● 6-3 プライベート IP で運用するサーバーを構築する

◎ **操作手順** ◎　**WordPress のインストール**

---

[1] 適当な作業用ディレクトリを作る

●mywebserver 上で、適当な作業用ディレクトリを作ります。ここでは、wordpress というディレクトリを作り、そこにカレントディレクトリを移動します。

```
$ cd ~
$ mkdir wordpress
$ cd wordpress
```

[2] ソースコードの入手

●ソースコードを入手します。wget コマンドを入力すると入手できます。

```
$ wget https://wordpress.org/latest.tar.gz    ←WordPress のダウンロード
```

[3] 展開する

● [2] で入手したファイルを展開します。展開すると wordpress ディレクトリができ、そのなかに展開されます。

```
$ tar xzvf latest.tar.gz    ←アーカイブファイルを展開する
```

[4] 初期設定する

初期設定ファイルの雛形が wp-config-sample.php という名前で用意されています。

●wp-config-sample.php を wp-config.php にコピーして、各種設定変更します。まずは、

173

CHAPTER 6 プライベートなネットワークの運用

　コピーしましょう。

```
$ cd wordpress
$ cp wp-config-sample.php wp-config.php　←設定ファイルのコピー
```

●viエディタなどで、wp-config.phpを修正します。設定変更の場所は、「データベー
　スの接続」情報と「認証キー」情報の2つがあります。

①データベースの接続情報

```
// ** MySQL settings - You can get this info from your web host ** //
/** The name of the database for WordPress */
define('DB_NAME', 'database_name_here');

/** MySQL database username */
define('DB_USER', 'username_here');

/** MySQL database password */
define('DB_PASSWORD', 'password_here');

/** MySQL hostname */
define('DB_HOST', 'localhost');
```

●接続先は、DB_HOSTです。これはmydbserverのIPアドレスである「10.0.1.10」を
　指定します。
●残るは、データベース名、ユーザー名、パスワードです。次のように修正します。

```
// ** MySQL settings - You can get this info from your web host ** //
/** The name of the database for WordPress */
define('DB_NAME', 'wordpressdb');

/** MySQL database username */
define('DB_USER', 'wordpress');

/** MySQL database password */
define('DB_PASSWORD', 'mypassword');

/** MySQL hostname */
```

174

● 6-3 プライベート IP で運用するサーバーを構築する

```
define('DB_HOST', '10.0.1.10');
```

②認証キー

```
/**#@+
 * Authentication Unique Keys and Salts.
 *
 * Change these to different unique phrases!
 * You can generate these using the {@link https://api.wordpress.org/se
cret-key/1.1/salt/ WordPress.org secret-key service}
 * You can change these at any point in time to invalidate all existing
 cookies. This will force all users to have to log in again.
 *
 * @since 2.6.0
 */
define('AUTH_KEY',         'put your unique phrase here');
define('SECURE_AUTH_KEY',  'put your unique phrase here');
define('LOGGED_IN_KEY',    'put your unique phrase here');
define('NONCE_KEY',        'put your unique phrase here');
define('AUTH_SALT',        'put your unique phrase here');
define('SECURE_AUTH_SALT', 'put your unique phrase here');
define('LOGGED_IN_SALT',   'put your unique phrase here');
define('NONCE_SALT',       'put your unique phrase here');

/**#@-*/
```

これらはランダムな値を設定する必要があります。以下の URL にアクセスすると、都度、ランダムな設定ファイルが表示されます。

　　https://api.wordpress.org/secret-key/1.1/salt/

Web ブラウザでアクセスして、表示された内容で差し替えてください（図 6-34）。

図 6-34　認証キーにアクセスする

CHAPTER 6 プライベートなネットワークの運用

[5] ドキュメントルートに移動する

これらのファイルを Apache から参照可能な場所に配置します。

●デフォルトでは、「/var/www/html」以下が Apache のドキュメントルートなので、展開したのと設定ファイルを修正した WordPress ファイル群を、ドキュメントルートに移動します。

```
$ sudo mv * /var/www/html/   ←ファイルをドキュメントルートに移動する
```

[6] PHP をインストールする

●yum コマンドを使い、PHP をインストールします。

```
$ sudo yum -y install php   ←PHP のインストール
```

●MySQL に接続するための、PHP 用の DB ライブラリもインストールします。

```
$ sudo yum -y install php-mysql   ←PHP 用の DB ライブラリのインストール
```

[7] Apache の再起動

●PHP を有効にするため、Apache を再起動します。

```
$ sudo service httpd restart   ←Apache の再起動
```

以上で WordPress の設定は完了です。

Apache が稼働しているのなら、mywebserver のパブリック IP アドレスに対して、Web ブラウザでアクセスすると、WordPress の初期設定画面が表示されます。

● 6-3 プライベート IP で運用するサーバーを構築する

http://パブリック IP アドレス/

ここでウィザードに従っていくと、WordPress が使えるようになります（図 6-35）。

図 6-35　WordPress の初期設定

CHAPTER 6 プライベートなネットワークの運用

6-4　まとめ

このCHAPTERでは、「踏み台サーバーを用いたログイン」と「NATゲートウェイ」について説明しました。

①踏み台サーバーを用いたログイン

● プライベートIPアドレスしか持たないEC2インスタンスにSSHでログインするには、パブリックIPアドレスを持つなんらかのEC2インスタンスにログインし、そこから目的のEC2インスタンスにログインします。

②NATゲートウェイ

● NATゲートウェイは、プライベートIPアドレスしか持たないEC2インスタンス群が、インターネットと接続できるようにする機能を提供します。
● NATゲートウェイを構成することによって、プライベートIPアドレスしか持たないEC2インスタンスも、インターネットを使った、OSのアップデートやソフトウェアパッケージのインストールが可能となります。
● NATゲートウェイを使うときの注意点は、2つあります。1つは、パブリックなサブネットに配置すること、もう1つは、プライベートサブネットのルートテーブルを編集し、デフォルトゲートウェイを、NATゲートウェイに設定する必要があることです。

次のCHAPTERでは、ここまで構成してきたmywebserverというWebサーバーに対して、IPアドレスだけでなく、http://www.example.co.jp/のようなドメイン名でもアクセスできるようにする方法を説明します。

178

CHAPTER 7
独自ドメインの運用

　ビジネスで利用される Web サーバーは、通常は「http://www.example.
co.jp/」などの、独自ドメインを使った URL で運用されます。そのとき必
要となるのが、「パブリックな固定 IP アドレス」と「DNS サーバー」です。

　オンプレミスの環境であれば、DNS が必要となれば BIND を利用する
のが当たり前なので、AWS でも EC2 インスタンスに BIND をインストー
ルすると考えるのが普通です。もちろんこの方法でも名前解決を行う仕組
みを構築できますが、AWS では通常 DNS サービスを提供するマネージド
サービス（AWS に運用管理を任せてしまえるサービス）である、Route
53 を利用します。

　AWS でシステムを構築するうえでは、マネージドサービスを利用した
ほうが、効率的なケースが多くあります。この CHAPTER における独自
ドメインの運用では、Elastic IP と Route 53 を利用して、AWS らしい
独自ドメインを運用するシステムを構築してみましょう。

CHAPTER 7 独自ドメインの運用

7-1 Elastic IP

　EC2 インスタンスに割り当てられるパブリック IP アドレスは、デフォルトでは動的に割り当てられます（プライベート IP アドレスは固定にできます）。そのため、EC2 インスタンスを起動し直すと、パブリック IP アドレスの値が変わってしまい、サーバーとして運用しにくくなります。

　パブリック IP アドレスを固定するには、Elastic IP という仕組みを使います。Elastic IP は、略して EIP と呼ばれることもあります。

7-1-1 Elastic IP の仕組み

　Elastic IP は、AWS マネジメントコンソールにおける操作で、あらかじめ固定 IP アドレスを割り当てておき、それを EC2 インスタンスの ENI などに関連付けて利用する仕組みです（図 7-1）。ここで言う「割り当て」とは、「確保する」という意味です。

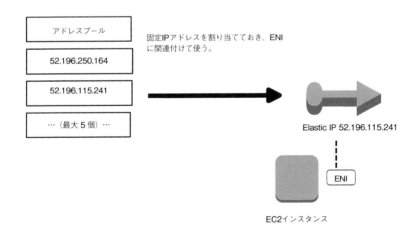

図 7-1　固定 IP アドレスを割り当て、ENI に関連付ける

　割り当てた IP アドレスは、以降、好きなタイミングで、どの ENI にでも、自在に関連付け直すことができます。そのため、EIP を使えば、稼働中の IP アドレスを即座に変更できます。たとえば、ある EC2 インスタンスが故障した場合、それと同じ構成の EC2 インスタンスを作って、その新しい EC2 インスタンスに Elastic IP を差し替えることも容易です（図 7-2）。

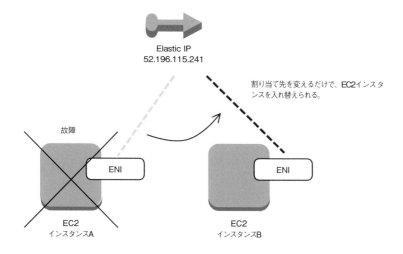

図 7-2　EC2 インスタンスを差し替える

　Elastic IP アドレスは、それぞれのリージョンで最大 5 個まで確保できます（それ以上必要なときは、AWS の申請フォームから理由を告げることで拡張できます）。

　Elastic IP アドレスは、稼働中の EC2 インスタンス 1 個につき 1 個までが無料です。関連付けておらず確保しているだけの Elastic IP アドレスには、別途、費用がかかります。

7-1-2　Elastic IP アドレスを使ってみる

　実際に、Elastic IP を使ってみましょう。ここでは、いままで作ってきた mywebserver という EC2 インスタンスに、Elastic IP アドレスを関連付けていきます。

■ Elastic IP を割り当てる

　まずは、Elastic IP を割り当てます。

◎ 操作手順 ◎　　Elastic IP を割り当てる

CHAPTER 7 独自ドメインの運用

[1] Elastic IP の割り当てを始める

- AWS マネジメントコンソールの [VPC] メニューから [Elastic IP] を選択します（図 7-3）。CHAPTER6 で NAT ゲートウェイを作ったので、ここにはすでに 1 つ Elastic IP アドレスがあるはずです。
- 新しい Elastic IP アドレスを確保するため、[新しいアドレスの割り当て] をクリックします。

図 7-3　Elastic IP アドレスの確保を始める

[2] Elastic IP アドレスを割り当てる

- 確認メッセージが表示されます。[はい、割り当てる] をクリックします（図 7-4）。

- すると、Elastic IP アドレスが割り当てられ（確保され）、一覧に追加されます（図 7-5）。

割り当て操作をした段階で、IP アドレスが確定します。図 7-5 では「52.196.115.241」が割り当てられていますが、どのような IP アドレスが確保されるのかは、その時々によって異なります（連続して確保しても、連番となるとは限りません）。

● 7-1 Elastic IP

図 7-4　Elastic IP アドレスを割り当てる

図 7-5　割り当てられた Elastic IP アドレス

 Column　Elastic IP アドレスの解放

　Elastic IP アドレスは、割り当てた時点から費用がかかります（稼働中の EC2 インスタンスに割り当てると、その間は無料になります）。もし Elastic IP アドレスが必要なくなったら、適宜解放しましょう。解放するには、［アクション］メニューから［アドレスの解放］を選択します。
　なお、解放した Elastic IP アドレスは AWS のシステムに戻され、他の人が利用できるようになります。解放した Elastic IP アドレスと同じ値の IP アドレスを、もう一度使うことはできないので、注意してください。

CHAPTER 7　独自ドメインの運用

■ EC2 インスタンスの ENI に関連付ける

　Elastic IP を割り当てたら、EC2 インスタンスの ENI に関連付けることで使えるようになります。

> ◎ 操作手順 ◎　　Elastic IP を EC2 インスタンスの ENI に割り当てる

［1］アドレスの関連付けを開く

● 割り当てたい Elastic IP にチェックを付けて選択し、［アクション］メニューから［アドレスの関連付け］をクリックします（図 7-6）。

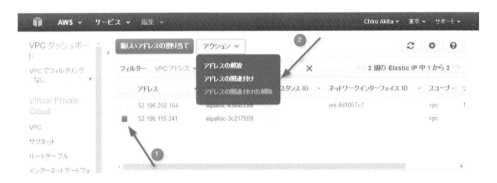

図 7-6　アドレスの関連付けを開く

［2］関連付ける EC2 インスタンスの ENI を選択する

● EC2 インスタンスに対して割り当てる方法と、ENI に対して割り当てる方法があります。結果はどちらも同じですが、前者のほうがわかりやすいので、ここでは［インスタンス］を選択して、mywebserver インスタンスを選択します。
● mywebserver インスタンスには 1 つしか ENI がないので、「プライベート IP アドレス」の欄はデフォルトで表示されたままとします。
●［はい、関連付ける］ボタンをクリックすると、この ENI に Elastic IP アドレスが関連付けられます。

図 7-7　Elastic IP アドレスを関連付ける

7-1-3　Elastic IP アドレスを関連付けたときの EC2 インスタンスの挙動

　図 7-7 で［はい、関連付ける］をクリックすると、即座にその Elastic IP アドレスが、ENI に割り当てられます。このとき、Elastic IP アドレスが、どのように見えるかを確認しましょう。

■ EC2 インスタンスに割り当てられた IP アドレスを確認する

　まずは、AWS マネジメントコンソール上で確認してみます。［EC2］メニューの［インスタンス］で、インスタンス一覧を表示します（図 7-8）。
　mywebserver の IP アドレスを確認すると、「パブリック IP」「Elastic IP」が、関連付けた固定 IP アドレスに変更されていることがわかります。
　このように Elastic IP アドレスを割り当てると、「動的なパブリック IP アドレス」ではなく、Elastic IP アドレスになります。図 7-8 のように「52.196.115.241」が割り当てられているのなら、以下のように Web ブラウザに IP アドレスを指定することで、EC2 インスタンスにアクセスできます。この IP アドレスは、Elastic IP アドレスを解放しない限り、EC2 インスタンスを起動し直しても、変わることがありません。

　　http://52.196.115.241/

CHAPTER 7　独自ドメインの運用

図7-8　EC2インスタンスのIPアドレスを確認する

■ OSから見えるIPアドレスは変わらない

　次に、このEC2インスタンスにSSHでログインして、OSからIPアドレスがどのように見えているのかを確認しましょう。SSHで接続するときは、その接続先はElastic IPアドレス（この例なら「52.196.115.241」）となります。

　ログインしたら、ifconfigコマンドを使ってIPアドレスを調べてみます。すでに「4-6　EC2インスタンス内でENIの状態を確認する」で説明したように、OS上で見えるのはプライベートIPアドレスだけです。Elastic IPアドレスを割り当てても、この事情は変わりません。そのため、次のように「10.0.0.XXX」などのプライベートIPアドレスしか見えません。

```
[ec2-user@ip-10-0-0-198 ~]$ ifconfig
eth0      Link encap:Ethernet   HWaddr 06:10:29:E8:3C:73
          inet addr:10.0.0.198  Bcast:10.0.0.255  Mask:255.255.255.0
          inet6 addr: fe80::410:29ff:fee8:3c73/64 Scope:Link
          UP BROADCAST RUNNING MULTICAST  MTU:9001  Metric:1
          RX packets:240682 errors:0 dropped:0 overruns:0 frame:0
          TX packets:216381 errors:0 dropped:0 overruns:0 carrier:0
          collisions:0 txqueuelen:1000
```

```
RX bytes:50318857 (47.9 MiB)  TX bytes:41916006 (39.9 MiB)
```

「4-7　メタデータからパブリック IP アドレスを取得する」では、メタデータサーバー「http://169.254.169.254/」にアクセスすることで、パブリック IP アドレスを取得できると説明しました。

メタデータとして取得できる IP アドレスは、Elastic IP アドレスに変わります。たとえば、次のようにすると、「52.196.115.214」が得られます。

```
$ curl 169.254.169.254/latest/meta-data/public-ipv4
52.196.115.214
```

ここまでの経緯からわかるように、OS から見える IP アドレスはプライベート IP アドレスであり、AWS マネジメントコンソールで、何か操作しても変化することはありません。

EC2 インスタンス側では、メタデータサーバーから情報を取得しない限り、自分に動的な IP アドレスが割り当てられているのか、それとも、Elastic IP が割り当てられているのかを知る術はありませんし、パブリック IP アドレスが変更されたかどうかもわかりません。こうした理由から、設定ファイルなどで接続先や接続元を指定する際には、プライベート IP アドレスで指定するようにし、パブリック IP アドレスを指定するのは避けてください。

もちろん、どうしてもパブリック IP アドレスでなければならないこともあります。たとえば、このサーバーで VPN を構成したいときなどです。そのような場合、Elastic IP アドレスならば変更されないので、その IP アドレスを設定ファイルに書いてしまう方法もあります。しかし、そのように IP アドレスが固定されていることを前提とした設計は、できるだけ避けるようにしてください。何かの理由でパブリック IP アドレスが必要なときは、代わりに、スクリプトで curl コマンドを使ってパブリック IP アドレスを取得し、その値を設定値として採用するというように、動的に取得することを検討してください。

CHAPTER 7 独自ドメインの運用

7-2　Route 53

　Elastic IP アドレスを割り当てることで、「http:// 52.196.115.214/」のように、固定 IP ア
ドレスで、この Web サーバーにアクセスできるようになりますが、通常は URL でアク
セスできなければ不便です。そこで、次に「www.example.co.jp」のような「ドメイン名
（ホスト名）」で Web サーバーにアクセスできるようにします。

7-2-1　DNS サーバーの仕組み

　ドメイン名を利用するには、DNS サーバーが必要です。ドメインは、インターネット
における一定のネットワークの範囲（所属）を示すもので、取得した企業は、そのドメ
インに属する機器に対して、任意の名前を付けて運用できます。

　機器に対して付ける名前を「ホスト名」と言います。たとえば、Web サーバーに対して
「www」、メールサーバーに対して「mail」など、任意のホスト名を付けられます。ホスト
名とドメイン名をつなげた名前を「FQDN（完全修飾ドメイン名）」と言います。たとえ
ば、ドメイン名が「example.co.jp」であるなら、FQDN は、それぞれ「www.example.co.jp」
「mail.example.co.jp」です[1]。

　DNS サーバーは、ホスト名と IP アドレスを相互に変換する仕組みです。その対応表を
「レコード」として保持し、問い合わせに対して変換結果を返します。レコードにはいく
つかの種類があり、「A レコード」は、「ホスト名→ IP アドレス」の対応を定義します。

　たとえば「example.co.jp」を担当する DNS サーバーに、以下のレコードを登録してお
くと、「http://www.example.co.jp/」という URL で、「52.196.115.214」の IP アドレスを持
つサーバー（EC2 インスタンス）に接続できるようになります。このように、「ホスト名
→ IP アドレス」変換を定義するレコードが A レコードです。

```
WWW          IN       A        52.196.115.214
```

　インターネットでは、各自が設置した、それぞれのドメインを担当する DNS サーバー
に問い合わせを送るため、全世界に 13 箇所あるルート DNS サーバーをトップとした階
層構造で構成されています。インターネットを利用するユーザー（エンドユーザー）は、
自分がインターネットに接続しているプロバイダや社内の DNS サーバーに問い合わせ

＊1　厳密には、名前の右端にルートノードを表すピリオド "." を付ける。

188

を出し、それらが中継して、ルートDNSサーバーに問い合わせます。ルートDNSサーバーは、その問い合わせを確認し、該当ドメインを担当するDNSサーバーに対して、問い合わせを出します（この問い合わせは、多階層で構成され再帰的に問い合わせが実行されることもあります）（図7-9）。

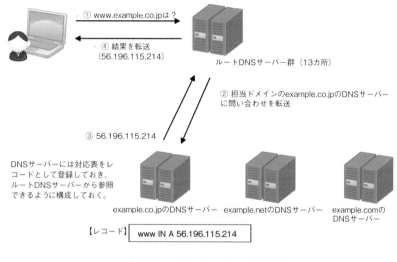

図7-9　DNSサーバーの仕組み

こうした仕組みなので、DNSサーバーを設置したならば、そのDNSサーバーを、ルートDNSサーバーから辿れるように申請しなければなりません。

この申請は、「ドメインを取得した事業者（レジストラ）」を通じて行います。どのような設定が必要なのかは、事業者によって異なります（ほとんどの場合、ドメイン管理のフォームに必要事項を入力すると、1～2営業日で設定してくれます）。

7-2-2　Route 53 サービス

DNSサーバーは、EC2インスタンスにBIND（named）などのDNSサーバーソフトウェアをインストールして運用することもできますが、AWSの場合は、通常この方法は採りません。AWSには、Route 53 サービスというDNSサーバーサービスがあるからです。

Route 53 サービスを使うと、AWSマネジメントコンソールで設定するだけで、ホスト名とIPアドレスを関連付けるレコードを設定できます。また、Route 53 サービスでは、新規にドメインを取得することもできます。

CHAPTER 7　独自ドメインの運用

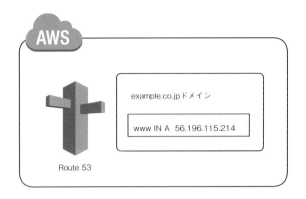

図 7-10　Route 53 サービスを使ってドメインを管理する

7-2-3　Route 53 サービスを使って独自ドメインを取得して運用する

　実際に、Route 53 サービスを使って、独自ドメインを運用するには、どのようにすればよいのでしょうか。ここでは、Route 53 サービスで新規にドメインを取得して運用する方法を説明します（既存のドメインを移行する場合は、p.196「Column　既存のドメインを使いたいときは」を参照してください）。

■ドメインを新規に申請する

　ドメインを新規に取得したいときは、次のように操作して申請します。「.com」「.net」「.org」や「.jp」などをはじめ、たくさんの種類のトップレベルドメインに対応しています（費用は、トップレベルドメインの種類によって異なります）。

◎ 操作手順 ◎　Route 53 でドメインを新規に申請する

[1] Route 53 のメニュー画面を開く

● AWS マネジメントコンソールのホーム画面から［ネットワーキング］－［Route 53］を選択して、Route 53 のメニュー画面を開きます（図 7-11）。紹介画面（図 7-12（1））が表示されたら、「Domain registration」の［Get started now］ボタンをクリックします。

● 7-2 Route 53

図7-11　Route 53 メニューを開く

図7-12（1）　Route 53 の紹介画面

[2] 希望のドメイン名を決める

●登録ドメイン一覧が開くので（図7-12（2））、［Register Domain］をクリックします。

[3] カートに入れる

●ここでは価格が安い「be」を選んでみました。入力したら［Check］ボタンをクリックします（図7-13）。

CHAPTER 7 独自ドメインの運用

図 7-12（2） Register Domain の選択

●利用可能かどうか確認されます。取得したいドメインの右側にある［Add to cart］ボタンをクリックします。

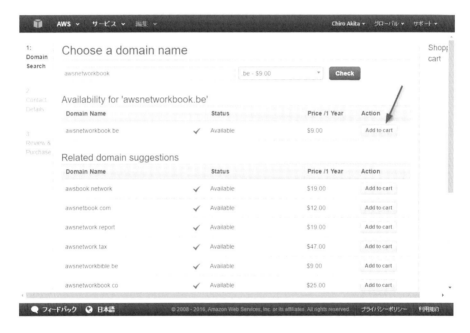

図 7-13　カートに入れる

●一番下の［Continue］をクリックして次の画面に進みます（図 7-14）。

[4] 連絡先情報の入力

●住所、氏名、電話番号、メールアドレスなどの連絡先情報を入力します（図 7-15）。

● 7-2 Route 53

図 7-14 次の画面に進む

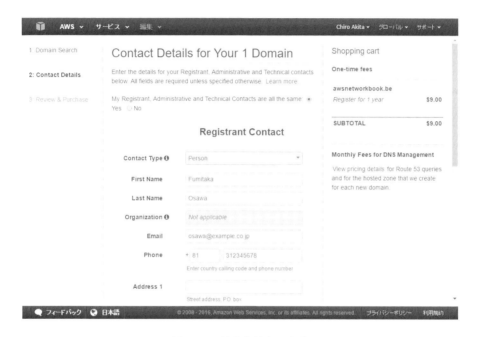

図 7-15 連絡先情報の入力

- 図 7-16 の一番下の［Privacy Protection］は、入力した内容を公開するかどうかの設定です。［Hide contact information if the TLD registry, and the registrar, allow it］に設定しておくと、非公開にできます（トップレベルドメインによっては、対応していないこともあります）。
- すべての項目の入力が終わったら、一番下の［Continue］をクリックして、次の画面に進んでください。

193

CHAPTER 7 独自ドメインの運用

図 7-16 次の画面に進む

[5] 同意して申請する

- 入力した内容の確認画面が表示されます。内容に問題なければ、[I have read and agree to the AWS Domain Name Registration Agreement] にチェックを付けて、[Complete Purchase] をクリックします（図 7-17）。
- すると、申請が完了します。申請中のドメインは、[Pending requests] の部分に表示されます。

しばらくすると（どのぐらいの時間が必要なのかは、トップレベルドメインの種類によって異なりますが、1時間以上はかかります）、確認メールが届き、ドメインが利用できるようになります。

- 利用できるようになったドメインは、[Pending requests] メニューから [Registered domains] メニューに移動します（図 7-18）。

194

● 7-2 Route 53

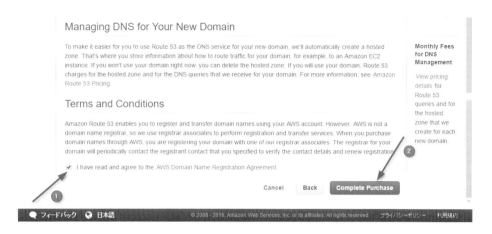

図7-17　同意して申請する

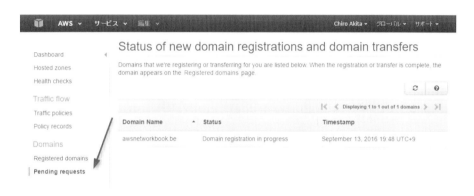

図7-18　申請待ちのドメイン（申請が完了すると［Registered domains］に表示されるようになる）

■ドメインを管理するゾーン

　Route 53では（そして一般的なDNSサーバーでも）、ホスト名とIPアドレスとの関連付けは「ゾーン（zone）」と呼ばれる単位で設定します。

　ゾーンは、ドメインに対する設定範囲です。たとえば、「example.co.jp」というゾーンに対する設定は、このドメインの左に任意の名前を付けたもの—たとえば、「www.example.co.jp」「ftp.example.co.jp」「mail.example.co.jp」などが設定範囲です。複数個のピリオドで区切ってつなげた「aaa.bbb.ccc.example.co.jp」も「example.co.jpゾーン」が担当する範囲です。

　ドメイン名を使うには、こうしたゾーンを、まず作成します。ただし、Route 53の場合、申請したドメインに対応するゾーンが自動的に作られるため、明示的に作成する必

195

CHAPTER 7 独自ドメインの運用

要はありません(作られるのは申請したタイミングなので、申請が完了しておらず、ま
だ利用できない段階でもゾーンは存在します)。

Route 53 では、[Hosted zones] メニューで、管理するゾーンの一覧を参照できます。実
際に開くと、申請したドメイン名に対応するゾーンがあるはずです(図 7-19)。

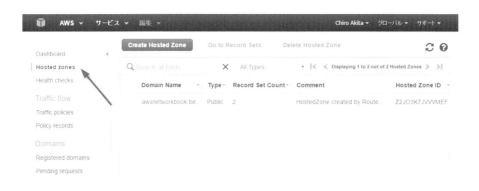

図 7-19　Route 53 で管理されているゾーン一覧

 Column　既存のドメインを使いたいときは

他のドメイン事業者(レジストラ)から取得したドメインを AWS で使うには、2
つの方法があります。

1つは、DNS サーバーは、他のドメイン事業者のものを使い続けるという方法です。
この場合、そのドメイン事業者の DNS サーバーに、Elastic IP アドレスに対応する A
レコードを追加するだけで完了します。

もう 1 つは、DNS サーバーを Route 53 に移転する方法です。この場合、ドメイン
事業者に対して、Route 53 の DNS サーバー名を伝えて、ルート DNS から辿れるよう
に設定してもらう必要があります。

Route 53 でゾーンを新規に作成すると、そのゾーンに対して「NS レコード」が作
られます。これが、そのゾーンを担当する DNS サーバー群です(図 7-20)。これら
の DNS サーバーの名前を、ドメイン事業者に申請して、DNS サーバーを Route 53 に
移転する手続きをしてもらいます。

● 7-2 Route 53

図 7-20　ゾーンに設定された NS レコードが、担当する DNS サーバー群となる

■ A レコードを追加する

「example.co.jp ドメイン」を所有しているとき、「www.example.co.jp」という名前でサーバーにアクセスできるようにするには以下の操作をします。

> example.co.jp ゾーンに対して、「www → IP アドレス XXX.XXX.XXX.XXX」という A レコードを登録する

この操作は、次のようになります。

◎ 操作手順 ◎　A レコードを追加する

[1] レコードの編集を始める

● 図 7-19 にて、編集したいドメイン名をクリックすると、図 7-21 の画面になります。この画面で、[Go to Record Sets] ボタンをクリックしてください。するとレコードの編集画面になります。

CHAPTER 7 独自ドメインの運用

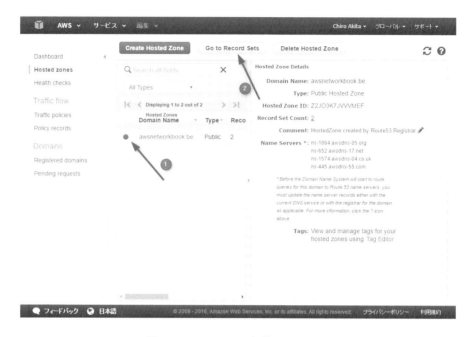

図 7-21　レコードの編集画面に入る

[2] 新しいレコードを作る

●レコード編集画面では、そのゾーンに登録されているレコード一覧が表示されます。デフォルトでは、そのゾーンに対する「NS レコード」と「SOA レコード」があります。前者は DNS サーバーを指し示すレコード、後者は更新情報や連絡先、デフォルトのキャッシュ時間などを示すレコードです（図 7-22）。

●新しいレコードを追加するため、[Create Record Set] をクリックしてください。

[3] A レコードを追加する

●右側にレコードを追加する入力エリアが現れます。次のように設定し、最後に [Create] ボタンを押すと、A レコードが追加されます（図 7-23）。

①Name

ホスト名を入力します。「www」と入力すれば、「www. ドメイン名」を設定したことになります。

● 7-2 Route 53

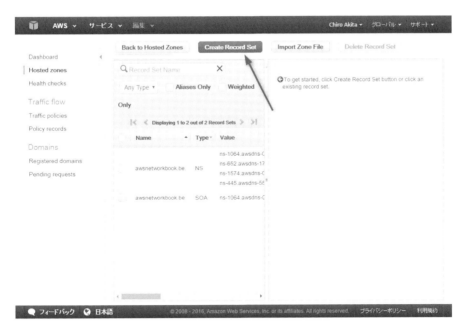

図 7-22　新しいレコード設定を追加する

図 7-23　A レコードを追加する

CHAPTER 7 独自ドメインの運用

②Type

A レコードを追加したいので、［A – IPv4 address］を選択してください。

③Alias

各種 AWS サービスのインスタンスの別名と連動させるかを指定します。ここでは、そうしたサービスと結び付けるのではなく、Elastic IP アドレスを手入力したいので、［No］としてください。

④TTL

DNS のレコードは、他の DNS サーバーから参照されたときに、キャッシュされます。そして、ここで指定した TTL（単位は秒）が経過するまでは、同じ問い合わせをしないようにすることで、DNS サーバーの負荷を抑えます。

デフォルトは 600（10 分）です。最初は、この値でかまいませんが、割り当てが定まり、実運用する段階になったら、1 時間とか 1 日とか、もう少し長い間隔にして、Route 53 への負荷を抑えるようにしましょう。Route 53 は、DNS の問い合わせのたびに課金される料金体系なので、TTL を長くして問い合わせを少なくすることは、コストの削減にもつながります。

⑤Value

割り当てる値を設定します。A レコードの場合は、ここに IP アドレスを設定します。IP アドレスを複数入力することも可能です。その場合、問い合わせがあると、そのうちの、どれかを先頭にして返す挙動になります。

⑥Routing Policy

⑤で複数の IP アドレスを設定した場合のローテートの方法を示します。複数の IP アドレスを設定しない場合は、どれを選んでも同じです。ここではデフォルトの［Simple］にしておきます。

以上で設定は完了です。以下の形式の URL でアクセスできるようになったはずです。

    http://www. ドメイン名/

Column　　Route 53 のルーティングポリシー

　DNS でホスト名と IP アドレスとを結び付けるときは、1 対多の設定をして、負荷分散に使うことがあります。この手法を「DNS ラウンドロビン」と言います。たとえば、www.example.co.jp に対して、以下の 3 つの IP アドレスが割り当てられていたとします。

　　　123.123.123.123
　　　123.123.123.124
　　　123.123.123.125

このとき、クライアントは、「最も先頭に返された IP アドレス」に接続しようとします。そのため、返す順序を変更すれば、負荷分散できます。

　Route 53 は、これをさらに応用した方法として「ルーティングポリシー」を構成できます。ルーティングポリシー機能を使うと、複数の IP アドレスのなかから、あらかじめ決めた「比重」「負荷」「クライアントからのネットワーク的な距離」などによって、どの IP アドレスを返すのかを決めることができます。この機能を使うと、負荷分散するだけでなく、ユーザーから最も近い位置の EC2 インスタンスを参照させるなどの処理ができるようになります。

CHAPTER 7 独自ドメインの運用

7-3　まとめ

この CHAPTER では、「Elastic IP」と「Route 53」について説明しました。

①Elastic IP

●IP アドレスを固定にするには、Elastic IP を割り当て、ENI に関連付けます。EC2 イ
ンスタンスのパブリック IP アドレスは、NAT での運用なので、これによって OS 側
から見える IP アドレスが変わることはありません。

②Route 53

●AWS における DNS サーバーが Route 53 サービスです。Route 53 サービスでは、新
規にドメインを申請したり、既存のドメインの DNS サーバーとして使ったりでき
ます。

●IP アドレスとホスト名とを関連付けるには、ゾーンを作成して A レコードとして登
録します。

●著者プロフィール

大澤 文孝（おおさわ ふみたか）

テクニカルライター／プログラマー、情報処理資格としてセキュリティスペシャリスト、ネットワークスペシャリストを取得。Web システムの設計・開発とともに、長年の執筆活動のなかで、電子工作、Web システム、プログラミング、データベースシステム、パブリッククラウドに関する書籍を多数出版している。近年のクラウド関連の書籍としては、『さわってわかる機械学習 Azure Machine Learning 実践ガイド』（共著：日経 BP）、『Amazon Web Services クラウドデザインパターン実装ガイド』（共著：日経 BP）『Amazon Web Services ではじめる Web サーバ』（工学社）などがある。

●お断り

　IT の環境は変化が激しく、Amazon Web Services の展開するパブリッククラウドの世界は、最も変化の激しい先端分野の一つです。本書に記載されている内容は、2016 年 10 月時点のものですが、サービスの改善や新機能の追加は、日々行われているため、本書の内容と異なる場合があることは、ご了承ください。また、本書の実行手順や結果については、筆者の使用するハードウェアとソフトウェア環境において検証した結果ですが、ハードウェア環境やソフトウェアの事前のセットアップ状況によって、本書の内容と異なる場合があります。この点についても、ご了解いただきますよう、お願いいたします。

●正誤表

　インプレスの書籍紹介ページ「http://book.impress.co.jp/books/1116101043」からたどれる「正誤表」をご確認ください。これまでに判明した正誤があれば「お問い合わせ／正誤表」タブのページに正誤表が表示されます。

●スタッフ

AD ／装丁：岡田 章志＋ GY

本文デザイン／制作／編集：TSUC

索　引

Symbols

0.0.0.0/0 · 79

A

Alias · 199
Amazon EBS · 52
Amazon EC2 · 19
Amazon Elastic Block Store · · · · · · · · · · · · · · · 52
Amazon Elastic Compute Cloud · · · · · · · · · · · · 19
Amazon Linux · 57
Amazon Machine Image · · · · · · · · · · · · · · · · · · 56
Amazon RDS · 145
Amazon Virtual Private Cloud · · · · · · · · · · · · · 21
Amazon VPC · 21, 26
Amazon Web Services · 10
AMI · 56
ap-northeast-1a · 41
ap-northeast-1c · 41
Apache · 128
Availability Zone · 16
AWS · 10
AWS サービスとの接続 · · · · · · · · · · · · · · · · · · 35
AWS シンプルアイコン · · · · · · · · · · · · · · · · · · 18
AWS マネジメントコンソール · · · · · · · · · · · · · 39
AZ · 16
A レコード · 188, 197

B

BIND · 189

C

C3 インスタンス · 54
C4 インスタンス · 54
CIDR · 28
Classless Inter-Domain Routing · · · · · · · · · · · · 28
Cold HDD （sc1） · 56
CPU 性能 · 52, 53

D

D2 インスタンス · 55
default セキュリティグループ · · · · · · · 121, 147
DHCP オプションセット · · · · · · · · · · · · · · · · · 49
DHCP サーバー · 46

DNS サーバー · 188
DNS サーバーの設定 · · · · · · · · · · · · · · · · · · · 105
DNS ラウンドロビン · · · · · · · · · · · · · · · · · · · 201

E

EBS · 56
EBS 汎用 SSD （gp2） · · · · · · · · · · · · · · · · · · · 56
EBS プロビジョンド IOPS SSD （io1） · · · · 56
EC2 インスタンス · · · · · · · · · · · · · · · · · · · 46, 76
EC2 インスタンスの種類 · · · · · · · · · · · · · · · · 52
EC2 インスタンスの設置 · · · · · · · · · · · · 51, 143
EC2 メニュー · 59
EIP · 180
Elastic IP · 82, 180
Elastic IP アドレス · 162
Elastic IP アドレスの解放 · · · · · · · · · · · · · · · 183
Elastic IP を割り当て · · · · · · · · · · · · · · · · · · · 181
Elastic Network Interface · · · · · · · · · · · · · · · · · 46
ENI · 46, 112
ENI の最大数 · 53
ENI の状態 · 104

F

FQDN · 188

G

G2 インスタンス · 55
GPU · 52

H

HDD · 53, 56
HTTP · 128
HTTPS · 128

I

I2 インスタンス · 55
IAM ロール · 70
ICMP · 119
IGW · 23
IP · 29
IP アドレスの最大数 · 53
IP アドレス範囲 · 28

L

local · 78, 93

M

M3 インスタンス · 54
M4 インスタンス · 54
MacOS · 102
MySQL · 169

N

Name · 199
named · 189
NAT · 28, 79
NAT インスタンス · 142
NAT ゲートウェイ · · · · · · · · · · · · · · · · · 141, 160
NAT ゲートウェイの構築 · · · · · · · · · · · · · · · · 145
NIC · 46
NS レコード · 197

O

OpenVPN · 34

P

PHP · 176
Putty · 101

R

R3 インスタンス · 55
Route 53 · 189
Routing Policy · 201

S

SOA レコード · 198
SSD · 53, 56
SSH · 58, 99, 186

T

T2 インスタンス · 54
TCP · 119
Tera Term · 101
TTL · 200
Type · 199

U

UDP · 119

V

Value · 200
VPC エンドポイント · 35

VPC ピア接続 · 26, 34
VPC 領域 · 21, 26
VPC 領域の作成 · 38
VPN · 26
VPN Gateway · 33, 140
VPN ソフトウェア · 34
VyOS · 34

W

Web サーバー · · · · · · · · · · · · · · · · · · 11, 14, 138
Windows · 101
WordPress · 168
wp-config.php · 170

X

X1 インスタンス · 54

あ

アウトバウンド · · · · · · · · · · · · · · · 20, 117, 123
アベイラビリティゾーン · · · · · · · · · · · · · · 16, 41

い

インスタンス · 19
インスタンスストア · 53
インスタンスタイプ · 53
インターネットゲートウェイ · · · 23, 28, 76, 77, 89
インターネットとの接続 · · · · · · · · · · · · · · · · 32
インターネットへの接続 · · · · · · · · · · · · · · · · 37
インバウンド · · · · · · · · · · · · · · · · · 20, 117, 123

え

エコー応答 · 119
エフェメラルポート · 121

お

オンプレミス環境 · 11

か

カスタム ICMP ルール · · · · · · · · · · · · · · · · · · 119
カスタムプロトコル · 119
仮想サーバー · 19
仮想的なネットワーク · · · · · · · · · · · · · · · · · · 26
仮想プライベートゲートウェイ · · · · · · · · · · 140
完全修飾ドメイン名 · · · · · · · · · · · · · · · · · · · 188

き

キーペア · 58
キーペアの作成 · 67
キーペアファイル · 148

許可ルール · 127
拒否するルール · 127

く

クラウドサービス · · · · · · · · · · · · · · · · · · · 10
クラウドネイティブ · · · · · · · · · · · · · · · · · 10
グローバル IP アドレス · · · · · · · · · · · · · · 12

こ

固定 IP アドレス · 48
固定のパブリック IP アドレス · · · · · · · · · 82

さ

サブネット · · · · · · · · · · · · 21, 26, 38, 123
サブネットの作成 · · · · · · · · · · · · · · · · · · · 40

し

自動割り当てパブリック IP · · · · · · · · 76, 84
障害対策 · 17

す

ステートフル · 112
ステートレス · · · · · · · · · · · · · · · · 112, 126
ストレージとの接続速度 · · · · · · · · · · · · · 52
ストレージの種類 · · · · · · · · · · · · · · · · · · · 56
ストレージの設定 · · · · · · · · · · · · · · · · · · · 64
スループット最適化 HDD（st1）· · · · · · · · 56

せ

性能 · 53
セカンダリプライベート IP アドレス · · · · · 47
セキュリティ · 14
セキュリティグループ · · · · · · 21, 112, 114, 131
セキュリティグループ一覧 · · · · · · · · · · · 117
セキュリティグループの設定 · · · · · · · · · · 65
セキュリティグループの設定変更 · · · · · · 144
セキュリティグループのルール · · · · · · · · 117

そ

送信先 · 78
ゾーン · 195

た

ターゲット · 78
タイプ · 119

て

データベース · 14
データベースサーバー · · · · · · · · 11, 138, 145
デフォルトゲートウェイ · · · · · · · · 78, 94, 166

デフォルトの VPC · · · · · · · · · · · · · · · · · · 35
デフォルトのセキュリティグループ · · · · · · 20

と

東京リージョン · · · · · · · · · · · · · · · · · 15, 41
動的なパブリック IP アドレス · · · · · · 82, 185
ドキュメントルート · · · · · · · · · · · · · · · · 176
ドメイン · 190
ドメイン名 · · · · · · · · · · · · · · · · · · · 51, 188

ね

ネームタグ · · · · · · · · · · · · · · · · · · · 41, 165
ネットワーク ACL · · · · · · · · · · 21, 43, 112, 123
ネットワークインターフェイスカード · · · · · 46
ネットワーク性能 · · · · · · · · · · · · · · · · · · · 53
ネットワークの構成図 · · · · · · · · · · · · · · · 18
ネットワークパフォーマンス · · · · · · · · · · · 53
ネットワーク部 · 29

は

パーミッション · 159
パケット · 13
パケットフィルタリング · · · · · · · · · · 13, 114
パケットフィルタリング型のファイアウォール · 20
パブリック IP アドレス · · · · · · · 12, 79, 138
パブリック IP アドレスの割り当て · · · · · · 76
パブリックネットワーク · · · · · · · · · · · · · · 11

ふ

ファイアウォール · · · · · · · · · · · · · 13, 14, 112
踏み台サーバー · 139
プライベート IP アドレス · · · · · · · · · 13, 138
プライベートサブネット · · · · · · · · · · 137, 142
プライベートネットワーク · · · · · · · · · 11, 13
プライマリプライベート IP アドレス · · · · · 47
プロトコル · 119

ほ

ポート 443 · 14
ポート 80 · 14
ポート範囲 · 119
ホスト部 · 29
ホスト名 · 188

ま

マイ IP · 119

め

メタデータ · 106
メタデータサーバー · · · · · · · · · · · · · · · 107, 187
メモリ容量 · 52

よ

用途 · 53

り

リージョン · 15
リモートデスクトップ · · · · · · · · · · · · · · · · · 58

る

ルーティングの設定 · · · · · · · · · · · · · · · · · · · 22
ルート DNS サーバー · · · · · · · · · · · · · · · · · 188
ルート情報 · 78
ルートテーブル · · · · · · · · · · · · · · · 76, 78, 163
ルートテーブルの構成 · · · · · · · · · · · · · · · · · 91

れ

レコード · 188
レジストラ · 189

本書のご感想をぜひお寄せください

http://book.impress.co.jp/books/1116101043

読者登録サービス
CLUB impress

アンケート回答者の中から、抽選で商品券（1万円分）や図書カード（1,000円分）などを毎月プレゼント。当選は賞品の発送をもって代えさせていただきます。

　本書は、AWS の操作について、2016年9月時点での情報を掲載しています。掲載している手順や考え方は一例でありすべての環境において手順や考え方が本書の記載と同様に行えることを保証するものではありません。また、本書の内容に関するご質問は、書名・ISBN（このページに記載）・お名前・電話番号と、該当するページや具体的な質問内容、お使いの動作環境などを明記のうえ、インプレスカスタマーセンターまでメールまたは封書にてお問い合わせください。なお、本書発行後に仕様が変更されたハードウェア、ソフトウェア、サービスの内容に関するご質問にはお答えできない場合があります。

　また、以下のご質問にはお答えできませんのでご了承ください。
・書籍に掲載している手順以外のご質問
・ハードウェア、ソフトウェア、サービス自体の不具合に関するご質問
・インターネットや電子メール、固有のデータ作成方法に関するご質問
本書の利用によって生じる直接的または間接的な被害について、著者ならびに弊社では、一切の責任を負いかねます。あらかじめご了承ください。

● 落丁・乱丁本はお手数ですがインプレスカスタマーセンターまでお送りください。送料弊社負担にてお取り替えさせていただきます。但し、古書店で購入されたものについてはお取り替えできません。

■ 読者の窓口

インプレスカスタマーセンター
〒101-0051 東京都千代田区神田神保町一丁目105番地
電話　03-6837-5016
FAX　03-6837-5023
info@impress.co.jp

■ 書店／販売店のご注文窓口

株式会社インプレス　受注センター
電話　048-449-8040
FAX　048-449-8041

アマゾンウェブサービス

Amazon Web Services
ネットワーク入門

2016年11月11日　初版発行

著　者　大澤 文孝
　　　　おおさわ ふみたか

発行人　土田米一

編集人　高橋隆志

発行所　株式会社インプレス
　　　　〒101-0051 東京都千代田区神田神保町一丁目105番地
　　　　TEL 03-6837-4635（出版営業統括部）
　　　　ホームページ http://book.impress.co.jp/

本書は著作権法上の保護を受けています。本書の一部あるいは全部について（ソフトウェア及びプログラムを含む）、株式会社インプレスから文書による許諾を得ずに、いかなる方法においても無断で複写、複製することは禁じられています。

Copyright © 2016 Fumitaka Osawa. All rights reserved.

印刷所　株式会社廣済堂

ISBN978-4-8443-8167-9
Printed in Japan